# RICHARD DEDEKIND

# Was sind und was sollen die Zahlen?

Zehnte Auflage

# Stetigkeit und Irrationale Zahlen

Siebente Auflage

SPRINGER FACHMEDIEN WIESBADEN GMBH

ISBN 978-3-663-19551-1      ISBN 978-3-663-19573-3 (eBook)
DOI 10.1007/978-3-663-19573-3

1965

# Vorwort

Unter den an der Prägung der modernen Mathematik beteiligten Mathematikern nimmt Richard Dedekind (1831-1916) eine hervorragende Stellung ein. Einerseits bilden seine Arbeiten zur Algebra und Zahlentheorie ein wichtiges Fundament für die heutige moderne Algebra. Andererseits hat er in seinen Schriften „Stetigkeit und Irrationale Zahlen" (1872) und „Was sind und was sollen die Zahlen?" (1887) wichtige Beiträge zur logischen Begründung des Zahlbegriffs geliefert. Die große Anzahl von bisher sechs bzw. neun unveränderten Neuauflagen dieser Schriften zeugt davon, welchen großen Einfluß sie bis heute auf die Mathematiker gehabt haben, und es ist sicher, daß sie ihn auch weiterhin behalten werden. Es ist daher sehr zu begrüßen, daß diese Schriften durch einen Nachdruck wieder allgemein zugänglich gemacht werden.

Die Schrift „Stetigkeit und Irrationale Zahlen" ist, wie ihr Autor im Vorwort selbst vermerkt, aus dem Bestreben entstanden, ein klares begriffliches Fundament für die Infinitesimalrechnung zu schaffen. Insbesondere galt es, an die Stelle der als mehr oder minder evident angesehenen geometrischen Vorstellungen von der Stetigkeit des Systems der reellen Zahlen klare mathematische Begriffe zu setzen. Wie notwendig eine solche Präzisierung ist, zeigen die bei der weiteren Entwicklung der Analysis auf der Basis exakter Begriffe gewonnenen Ergebnisse, die zum Teil einer naiven geometrischen Anschauung kaum noch zugänglich sind. Heute ist es daher allgemein üblich, an den Anfang einer Vorlesung über Analysis eine klare begriffliche Beschreibung der reellen Zahlen zu setzen. Dabei wird die Stetigkeit des Systems der reellen Zahlen entweder auf dem von Dedekind angegebenen Weg charakterisiert, daß nämlich jeder „Dedekindsche Schnitt" im Bereich der reellen Zahlen eine Schnittzahl besitzt (§ 5, Satz IV), oder durch die damit (bei Voraussetzung des Archimedischen Axioms) gleichwertige Forderung von Cantor – vgl. das Vorwort zu „Stetigkeit und Irrationale Zahlen" –, daß jede reelle Fundamentalfolge einen Grenzwert besitzt. Die

Einführung der irrationalen Zahlen durch Dedekindsche Schnitte im Bereich der rationalen Zahlen ist auch heute noch der bequemste Weg, um aus den rationalen Zahlen die reellen Zahlen zu erhalten und das Rechnen mit ihnen genetisch zu begründen. Es hat sich ferner gezeigt, daß dieser Vervollständigungsprozeß auch in einer Reihe anderer Fälle nutzbringend angewendet werden kann, wobei natürlich die Bildung der Schnitte zunächst im Grundbereich eine gewisse Ordnungsstruktur voraussetzt (während beim Cantorschen Vervollständigungsprozeß durch Fundamentalfolgen des Grundbereiches in diesem Grundbereich gewisse topologische Gegebenheiten vorliegen müssen). Man kann also ohne Übertreibung sagen, daß die in „Stetigkeit und Irrationale Zahlen" von Dedekind niedergelegten Gedanken in fast unveränderter Form klassischer Bestand der Analysis geworden sind.

In der Schrift „Was sind und was sollen die Zahlen?" hat sich Richard Dedekind eine wesentlich schwierigere und problematischere Aufgabe gestellt, nämlich auch die natürlichen Zahlen und das Rechnen mit ihnen logisch zu begründen. Schwieriger war diese Aufgabe vor allem deshalb, weil die hierzu erforderlichen Gedankengänge und Begriffsbildungen der allgemeinen Mengenlehre damals ebenfalls erst im Entstehen waren. Es muß in diesem Zusammenhang betont werden, daß die in der Schrift niedergelegten tiefen Gedanken von großer Bedeutung für die Entwicklung der Mengenlehre waren: zwischen Dedekind und Georg Cantor hat lange Zeit hindurch ein wissenschaftlicher Briefwechsel stattgefunden, und der Einfluß Dedekinds auf die Entwicklung der Cantorschen Ideen ist unverkennbar. Problematisch war diese Aufgabe insbesondere deshalb, weil die Frage nach einer logischen Begründung der natürlichen Zahlen eine ganz bestimmte und für die damalige Zeit sehr kühne Grundeinstellung zur Mathematik voraussetzte, die man heute gern als logizistische Auffassung bezeichnet. Sehr deutlich wird diese Auffassung im Vorwort zur ersten Auflage zum Ausdruck gebracht, wo auf die im Titel der Schrift gestellte Frage folgende Antwort erteilt wird: „Die Zahlen sind freie Schöpfungen des menschlichen Geistes, sie dienen als ein Mittel, um die Verschiedenheit der Dinge leichter und schärfer aufzufassen". Gegen diese schlagwortartige Formulierung (die vielleicht als Entgegnung auf Kroneckers bekannten Ausspruch: „Die ganzen Zahlen hat der liebe Gott gemacht, alles andere ist Menschenwerk" einzuschätzen ist) lassen sich viele Einwände erheben. Was aber Dedekind hiermit vor allem sagen will, kann man – glaube ich – den weiteren Ausführungen im Vorwort entnehmen: daß nämlich der Besitz der Zahlen und ihrer Gesetzmäßigkeiten oder der Glaube daran „niemals unmittelbar durch innere Anschauung gegeben, sondern immer nur durch mehr oder minder vollständige Wiederholung der einzelnen Schlüsse erworben ist". Anders ausgedrückt, daß der Zahlbegriff nicht a priori vorhanden ist, sondern vom Menschen in seiner Kindheit erworben und dabei aus anderen einfacheren Begriffen aufgebaut wird: „So sind wir auch schon von unserer Geburt an beständig und in immer steigendem Maße veranlaßt, Dinge auf Dinge zu beziehen und damit diejenige Fähigkeit des Geistes zu üben, auf welcher auch die Schöpfung der Zahlen beruht; durch diese schon in unsere ersten Lebensjahre fallende unablässige, wenn auch absichtslose Übung und die damit verbundene Bildung von Urteilen und Schlußreihen erwerben wir uns auch einen Schatz von eigentlich arithmetischen Wahrheiten, auf welche später unsere ersten Lehrer sich wie auf etwas Einfaches, Selbstverständliches, in der inneren Anschauung Gegebenes berufen, und so kommt es, daß manche, eigentlich sehr zusammengesetzte Begriffe (wie z. B. der der Anzahl von Dingen) fälschlich für einfach gelten."

Und das Ziel der Schrift ist es gerade, einen Aufbau des Zahlbegriffs aus gewissen allgemeineren und einfacheren Begriffen in allen Einzelheiten vorzuführen: das ist jedenfalls ihr mathematischer Inhalt. Welche Begriffe sind es nun, auf die Dedekind den Zahlbegriff zurückführt? Es sind einerseits der Begriff des Systems (wir sagen heute: Menge) und andererseits der Begriff der Abbildung, also gerade die beiden grundlegenden Begriffe der modernen Mathematik. Wichtigstes Hilfsmittel bei der Definition der Zahlen sind die Ketten, deren Theorie später vor allem durch Zermelo weiter ausgebaut wurde und die im Zusammenhang mit dessen zweitem Beweis für den sogenannten Wohlordnungssatz grundsätzliche Bedeutung für die Mengenlehre gewonnen haben. Die in § 5 gegebene Definition für die Unendlichkeit einer Menge und die darauf aufbauenden erstmaligen strengen Beweise für scheinbar evidente Sätze über endliche und unendliche Mengen gehören heute zum klassischen Bestand der Mengenlehre (lediglich der Beweis für die Existenz unendlicher Mengen hat sich als nicht haltbar erwiesen und wird in den modernen axiomatischen Begründungen der Mengenlehre durch ein entsprechendes Axiom ersetzt). Die natürlichen Zahlen gewinnt Dedekind in § 6 als Elemente der von ihm als einfach unendlich bezeichneten Systeme, die mit den heute als abzählbar unendlich bezeichneten Mengen identisch sind, wobei die in 71. als existent geforderte und im weiteren stets festgehaltene „ähnliche" (d. h. umkehrbar eindeutige) Abbildung gerade eine Wohlordnung der betrachteten Menge nach dem Ordnungstyp $\omega$ bewirkt (der in 73 angedeutete Abstraktionsprozeß bedeutet in der heutigen Terminologie den Übergang von einer speziellen nach dem Ordnungstyp $\omega$ wohlgeordneten Menge zur Klasse aller dieser Mengen, d. h. die Bildung der abstrakten Ordnungszahl $\omega$). Auf dieser Basis werden von Dedekind sodann die Grundeigenschaften der

natürlichen Zahlen bewiesen, die Anordnung der Zahlen und die Rechen-
operationen erklärt und deren wichtigste Eigenschaften hergeleitet, und
zwar auf einem Wege, auf dem man heute in der Mengenlehre meistens
allgemein das Rechnen mit beliebigen Ordinalzahlen begründet. Besonders erwähnt werden muß in diesem Zusammenhang, daß Dedekind
wohl als erster die Problematik induktiver Definitionen und die Notwendigkeit ihrer Rechtfertigung klar erkannte und eine exakte Formulierung
und einen Beweis für einen entsprechenden Rechtfertigungssatz (§ 9)
gegeben hat, der später insbesondere durch J. v. Neumann auf transfinite
Rekursionen verallgemeinert wurde. Aus dem Gesagten resultiert, daß
die Schrift „Was sind und was sollen die Zahlen?" weit mehr ist als ein
interessanter Versuch einer Begründung der natürlichen Zahlen ( deren
es viele gegeben hat!). Sie ist eine der berühmten klassischen Arbeiten
auf dem Gebiet der Mengenlehre, deren Entwicklung sie in wesentlichem
Maße befruchtet hat, und ihre Ergebnisse gehören - zum Teil in später
verallgemeinerter Form - zum grundlegenden Bestand der Mengenlehre.


Greifswald, im September 1964                    Günter Asser

# Was sind und was sollen die Zahlen?

## Inhalt


| | |
|---|---|
| Vorwort | III – XI |
| § 1. Systeme von Elementen | 1 |
| § 2. Abbildung eines Systems | 5 |
| § 3. Ähnlichkeit einer Abbildung. Ähnliche Systeme | 7 |
| § 4. Abbildung eines Systems in sich selbst | 8 |
| § 5. Das Endliche und Unendliche | 13 |
| § 6. Einfach unendliche Systeme. Reihe der natürlichen Zahlen | 16 |
| § 7. Größere und kleinere Zahlen | 18 |
| § 8. Endliche und unendliche Teile der Zahlenreihe | 25 |
| § 9. Definition einer Abbildung der Zahlenreihe durch Induktion | 27 |
| § 10. Die Klasse der einfach unendlichen Systeme | 33 |
| § 11. Addition der Zahlen | 35 |
| § 12. Multiplikation der Zahlen | 38 |
| § 13. Potenzierung der Zahlen | 40 |
| § 14. Anzahl der Elemente eines Systems | 41 |


# Stetigkeit und Irrationale Zahlen

## Inhalt


| | |
|---|---|
| Vorwort | 3 |
| § 1. Eigenschaften der rationalen Zahlen | 5 |
| § 2. Vergleichung der rationalen Zahlen mit den Punkten einer geraden Linie | 7 |
| § 3. Stetigkeit der geraden Linie | 8 |
| § 4. Schöpfung der irrationalen Zahlen | 11 |
| § 5. Stetigkeit des Gebietes der reellen Zahlen | 16 |
| § 6. Rechnungen mit reellen Zahlen | 17 |
| § 7. Infinitesimal-Analysis | 20 |

# Was sind und was sollen die Zahlen?

## Vorwort zur ersten Auflage

Was beweisbar ist, soll in der Wissenschaft nicht ohne Beweis geglaubt werden. So einleuchtend diese Forderung erscheint, so ist sie doch, wie ich glaube, selbst bei der Begründung der einfachsten Wissenschaft, nämlich desjenigen Teiles der Logik, welcher die Lehre von den Zahlen behandelt, auch nach den neuesten Darstellungen *) noch keineswegs als erfüllt anzusehen. Indem ich die Arithmetik (Algebra, Analysis) nur einen Teil der Logik nenne, spreche ich schon aus, daß ich den Zahlbegriff für gänzlich unabhängig von den Vorstellungen oder Anschauungen des Raumes und der Zeit, daß ich ihn vielmehr für einen unmittelbaren Ausfluß der reinen Denkgesetze halte. Meine Hauptantwort auf die im Titel dieser Schrift gestellte Frage lautet: die Zahlen sind freie Schöpfungen des menschlichen Geistes, sie dienen als ein Mittel, um die Verschiedenheit der Dinge leichter und schärfer aufzufassen. Durch den rein logischen Aufbau der Zahlen-Wissenschaft und durch das in ihr gewonnene stetige Zahlen-Reich sind wir erst in den Stand gesetzt, unsere Vorstellungen von Raum und Zeit genau zu untersuchen, indem wir dieselben auf dieses in unserem Geiste geschaffene Zahlen-Reich beziehen **). Verfolgt man genau, was wir bei dem Zählen der Menge oder Anzahl von Dingen tun, so wird man auf die Betrachtung der Fähigkeit des Geistes geführt, Dinge auf Dinge zu beziehen, einem Dinge ein Ding entsprechen zu lassen, oder ein Ding durch ein Ding abzubilden, ohne welche Fähigkeit überhaupt kein

---

*) Von den mir bekannt gewordenen Schriften erwähne ich das verdienstvolle Lehrbuch der Arithmetik und Algebra von E. Schröder (Leipzig 1873), in welchem man auch ein Literaturverzeichnis findet, und außerdem die Abhandlungen von Kronecker und von Helmholtz über den Zahlbegriff und über Zählen und Messen (in der Sammlung der an E. Zeller gerichteten philosophischen Aufsätze, Leipzig 1887). Das Erscheinen dieser Abhandlungen ist die Veranlassung, welche mich bewogen hat, nun auch mit meiner, in mancher Beziehung ähnlichen, aber durch ihre Begründung doch wesentlich verschiedenen Auffassung hervorzutreten, die ich mir seit vielen Jahren und ohne jede Beeinflussung von irgendwelcher Seite gebildet habe.

**) Vgl. § 3 meiner Schrift: Stetigkeit und irrationale Zahlen (Braunschweig 1872).

Denken möglich ist. Auf dieser einzigen, auch sonst ganz unentbehrlichen Grundlage muß nach meiner Ansicht, wie ich auch schon bei einer Ankündigung der vorliegenden Schrift ausgesprochen habe *), die gesamte Wissenschaft der Zahlen errichtet werden. Die Absicht einer solchen Darstellung habe ich schon vor der Herausgabe meiner Schrift über die Stetigkeit gefaßt, aber erst nach Erscheinen derselben, und mit vielen Unterbrechungen, die durch gesteigerte Amtsgeschäfte und andere notwendige Arbeiten veranlaßt wurden, habe ich in den Jahren 1872 bis 1878 auf wenigen Blättern einen ersten Entwurf aufgeschrieben, welchen dann mehrere Mathematiker eingesehen und teilweise mit mir besprochen haben. Er trägt denselben Titel und enthält, wenn auch nicht auf das beste geordnet, doch alle wesentlichen Grundgedanken meiner vorliegenden Schrift, die nur deren sorgfältige Ausführung gibt; als solche Hauptpunkte erwähne ich hier die scharfe Unterscheidung des Endlichen vom Unendlichen (64), den Begriff der Anzahl von Dingen (161), den Nachweis, daß die unter dem Namen der vollständigen Induktion (oder des Schlusses von $n$ auf $n + 1$) bekannte Beweisart wirklich beweiskräftig (59, 60, 80), und daß auch die Definition durch Induktion (oder Rekursion) bestimmt und widerspruchsfrei ist (126).

Diese Schrift kann jeder verstehen, welcher das besitzt, was man den gesunden Menschenverstand nennt; philosophische oder mathematische Schulkenntnisse sind dazu nicht im geringsten erforderlich. Aber ich weiß sehr wohl, daß gar mancher in den schattenhaften Gestalten, die ich ihm vorführe, seine Zahlen, die ihn als treue und vertraute Freunde durch das ganze Leben begleitet haben, kaum wiedererkennen mag; er wird durch die lange, der Beschaffenheit unseres Treppenverstandes entsprechende Reihe von einfachen Schlüssen, durch die nüchterne Zergliederung der Gedankenreihen, auf denen die Gesetze der Zahlen beruhen, abgeschreckt und ungeduldig darüber werden, Beweise für Wahrheiten verfolgen zu sollen, die ihm nach seiner vermeintlichen inneren Anschauung von vornherein einleuchtend und gewiß erscheinen. Ich erblicke dagegen gerade in der Möglichkeit, solche Wahrheiten auf andere, einfachere zurückzuführen, mag die Reihe der Schlüsse noch so lang und scheinbar künstlich sein, einen überzeugenden Beweis dafür, daß ihr Besitz

---

*) Dirichlets Vorlesungen über Zahlentheorie, dritte Auflage, 1879, § 163, Anmerkung auf S. 470.

oder der Glaube an sie niemals unmittelbar durch innere Anschauung gegeben, sondern immer nur durch eine mehr oder weniger vollständige Wiederholung der einzelnen Schlüsse erworben ist. Ich möchte diese, der Schnelligkeit ihrer Ausführung wegen schwer zu verfolgende Denktätigkeit mit derjenigen vergleichen, welche ein vollkommen geübter Leser beim Lesen verrichtet; auch dieses Lesen bleibt immer eine mehr oder weniger vollständige Wiederholung der einzelnen Schritte, welche der Anfänger bei dem mühseligen Buchstabieren auszuführen hat; ein sehr kleiner Teil derselben, und deshalb eine sehr kleine Arbeit oder Anstrengung des Geistes reicht aber für den geübten Leser schon aus, um das richtige, wahre Wort zu erkennen, freilich nur mit sehr großer Wahrscheinlichkeit; denn bekanntlich begegnet es auch dem geübtesten Korrektor von Zeit zu Zeit, einen Druckfehler stehenzulassen, d. h. falsch zu lesen, was unmöglich wäre, wenn die zum Buchstabieren gehörige Gedankenkette vollständig wiederholt würde. So sind wir auch schon von unserer Geburt an beständig und in immer steigendem Maße veranlaßt, Dinge auf Dinge zu beziehen und damit diejenige Fähigkeit des Geistes zu üben, auf welcher auch die Schöpfung der Zahlen beruht; durch diese schon in unsere ersten Lebensjahre fallende unablässige, wenn auch absichtslose Übung und die damit verbundene Bildung von Urteilen und Schlußreihen erwerben wir uns auch einen Schatz von eigentlich arithmetischen Wahrheiten, auf welche später unsere ersten Lehrer sich wie auf etwas Einfaches, Selbstverständliches, in der inneren Anschauung Gegebenes berufen, und so kommt es, daß manche, eigentlich sehr zusammengesetzte Begriffe (wie z. B. der der Anzahl von Dingen) fälschlich für einfach gelten. In diesem Sinne, den ich durch die einem bekannten Spruche nachgebildeten Worte $\dot{\alpha}\varepsilon\grave{\iota}\ \dot{o}\ \ddot{\alpha}\nu\vartheta\rho\omega\pi o\varsigma\ \dot{\alpha}\rho\iota\vartheta\mu\eta\tau\acute{\iota}\zeta\varepsilon\iota$ bezeichne, mögen die folgenden Blätter als ein Versuch, die Wissenschaft der Zahlen auf einheitlicher Grundlage zu errichten, wohlwollende Aufnahme finden, und mögen sie andere Mathematiker dazu anregen, die langen Reihen von Schlüssen auf ein bescheideneres, angenehmeres Maß zurückzuführen.

Dem Zwecke dieser Schrift gemäß beschränke ich mich auf die Betrachtung der Reihe der sogenannten natürlichen Zahlen. In welcher Art später die schrittweise Erweiterung des Zahlbegriffes, die Schöpfung der Null, der negativen, gebrochenen, irrationalen und komplexen Zahlen stets durch Zurückführung auf die früheren

Begriffe herzustellen ist, und zwar ohne jede Einmischung fremdartiger Vorstellungen (wie z. B. der der meßbaren Größen), die nach meiner Auffassung erst durch die Zahlenwissenschaft zu vollständiger Klarheit erhoben werden können, das habe ich wenigstens an dem Beispiele der irrationalen Zahlen in meiner früheren Schrift über die Stetigkeit (1872) gezeigt; in ganz ähnlicher Weise lassen sich, wie ich daselbst (§ 3) auch schon ausgesprochen habe, die anderen Erweiterungen leicht behandeln, und ich behalte mir vor, diesem Gegenstande eine zusammenhängende Darstellung zu widmen. Gerade bei dieser Auffassung erscheint es als etwas Selbstverständliches und durchaus nicht Neues, daß jeder auch noch so fern liegende Satz der Algebra und höheren Analysis sich als ein Satz über die natürlichen Zahlen aussprechen läßt, eine Behauptung, die ich auch wiederholt aus dem Munde von Dirichlet gehört habe. Aber ich erblicke keineswegs etwas Verdienstliches darin — und das lag auch Dirichlet gänzlich fern —, diese mühselige Umschreibung wirklich vornehmen und keine anderen als die natürlichen Zahlen benutzen und anerkennen zu wollen. Im Gegenteil, die größten und fruchtbarsten Fortschritte in der Mathematik und anderen Wissenschaften sind vorzugsweise durch die Schöpfung und Einführung neuer Begriffe gemacht, nachdem die häufige Wiederkehr zusammengesetzter Erscheinungen, welche von den alten Begriffen nur mühselig beherrscht werden, dazu gedrängt hat. Über diesen Gegenstand habe ich im Sommer 1854 bei Gelegenheit meiner Habilitation als Privatdozent zu Göttingen einen Vortrag vor der philosophischen Fakultät zu halten gehabt, dessen Absicht auch von Gauß gebilligt wurde; doch ist hier nicht der Ort, näher darauf einzugehen.

Ich benutze statt dessen die Gelegenheit, noch einige Bemerkungen zu machen, die sich auf meine frühere, oben erwähnte Schrift über Stetigkeit und irrationale Zahlen beziehen. Die in ihr vorgetragene, im Herbst 1858 erdachte Theorie der irrationalen Zahlen gründet sich auf diejenige im Gebiete der rationalen Zahlen auftretende Erscheinung (§ 4), die ich mit dem Namen eines Schnittes belegt und zuerst genau erforscht habe, und sie gipfelt in dem Beweise der Stetigkeit des neuen Gebietes der reellen Zahlen (§ 5. IV). Sie scheint mir etwas einfacher, ich möchte sagen ruhiger, zu sein als die beiden von ihr und voneinander verschiedenen Theorien, welche von den

Herren **Weierstrass** und **G. Cantor** aufgestellt sind und ebenfalls vollkommene Strenge besitzen. Sie ist später ohne wesentliche Änderung von Herrn U. Dini in die Fondamenti per la teorica delle funzioni di variabili reali (Pisa 1878) aufgenommen; aber der Umstand, daß mein Name im Laufe dieser Darstellung nicht bei der Beschreibung der rein arithmetischen Erscheinung des Schnittes, sondern zufällig gerade da erwähnt wird, wo es sich um die Existenz einer dem Schnitte entsprechenden meßbaren Größe handelt, könnte leicht zu der Vermutung führen, daß meine Theorie sich auf die Betrachtung solcher Größen stützte. Nichts könnte unrichtiger sein; vielmehr habe ich in § 3 meiner Schrift verschiedene Gründe angeführt, weshalb ich die Einmischung der meßbaren Größen gänzlich verwerfe, und namentlich am Schlusse hinsichtlich deren Existenz bemerkt, daß für einen großen Teil der Wissenschaft vom Raume die Stetigkeit seiner Gebilde gar nicht einmal eine notwendige Voraussetzung ist, ganz abgesehen davon, daß sie in den Werken über Geometrie zwar wohl dem Namen nach beiläufig erwähnt, aber niemals deutlich erklärt, also auch nicht für Beweise zugänglich gemacht wird. Um dies noch näher zu erläutern, bemerke ich beispielsweise folgendes. Wählt man drei nicht in einer Geraden liegende Punkte $A, B, C$ nach Belieben, nur mit der Beschränkung, daß die Verhältnisse ihrer Entfernungen $AB$, $AC$, $BC$ algebraische*) Zahlen sind, und sieht man im Raume nur diejenigen Punkte $M$ als vorhanden an, für welche die Verhältnisse von $AM$, $BM$, $CM$ zu $AB$ ebenfalls algebraische Zahlen sind, so ist der aus diesen Punkten $M$ bestehende Raum, wie leicht zu sehen, überall unstetig; aber trotz der Unstetigkeit, Lückenhaftigkeit dieses Raumes sind in ihm, so viel ich sehe, alle Konstruktionen, welche in **Euklids** Elementen auftreten, genau ebenso ausführbar wie in dem vollkommen stetigen Raume; die Unstetigkeit dieses Raumes würde daher in **Euklids** Wissenschaft gar nicht bemerkt, gar nicht empfunden werden. Wenn mir aber jemand sagt, wir könnten uns den Raum gar nicht anders als stetig denken, so möchte ich das bezweifeln und darauf aufmerksam machen, eine wie weit vorgeschrittene, feine wissenschaftliche Bildung erforderlich ist, um nur das Wesen der Stetigkeit deutlich zu erkennen und um zu

---

*) **Dirichlets** Vorlesungen über Zahlentheorie, § 159 der zweiten, § 160 der dritten Auflage.

begreifen, daß außer den rationalen Größenverhältnissen auch irrationale, außer den algebraischen auch transzendente denkbar sind. Um so schöner erscheint es mir, daß der Mensch ohne jede Vorstellung von meßbaren Größen, und zwar durch ein endliches System einfacher Denkschritte sich zur Schöpfung des reinen, stetigen Zahlenreiches aufschwingen kann; und erst mit diesem Hilfsmittel wird es ihm nach meiner Ansicht möglich, die Vorstellung vom stetigen Raume zu einer deutlichen auszubilden.

Dieselbe, auf die Erscheinung des Schnittes gegründete Theorie der irrationalen Zahlen findet man auch dargestellt in der Introduction à la théorie des fonctions d'une variable von J. Tannery (Paris 1886). Wenn ich eine Stelle der Vorrede dieses Werkes richtig verstehe, so hat der Herr Verfasser diese Theorie selbständig, also zu einer Zeit erdacht, wo ihm nicht nur meine Schrift, sondern auch die in derselben Vorrede erwähnten Fondamenti von Dini noch unbekannt waren; diese Übereinstimmung scheint mir ein erfreulicher Beweis dafür zu sein, daß meine Auffassung der Natur der Sache entspricht, was auch von anderen Mathematikern, z. B. von Herrn M. Pasch in seiner Einleitung in die Differential- und Integralrechnung (Leipzig 1883) anerkannt ist. Dagegen kann ich Herrn Tannery nicht ohne weiteres beistimmen, wenn er diese Theorie die Entwicklung eines von Herrn J. Bertrand herrührenden Gedankens nennt, welcher in dessen Traité d'arithmétique enthalten sei und darin bestehe, eine irrationale Zahl zu definieren durch Angabe aller rationalen Zahlen, die kleiner, und aller derjenigen, die größer sind als die zu definierende Zahl. Zu diesem Ausspruch, der von Herrn O. Stolz — wie es scheint, ohne nähere Prüfung — in der Vorrede zum zweiten Teile seiner Vorlesungen über allgemeine Arithmetik (Leipzig 1886) wiederholt ist, erlaube ich mir folgendes zu bemerken. Daß eine irrationale Zahl durch die eben beschriebene Angabe in der Tat als vollständig bestimmt anzusehen ist, diese Überzeugung ist ohne Zweifel auch vor Herrn Bertrand immer Gemeingut aller Mathematiker gewesen, die sich mit dem Begriffe des Irrationalen beschäftigt haben; jedem Rechner, der eine irrationale Wurzel einer Gleichung näherungsweise berechnet, schwebt gerade diese Art ihrer Bestimmung vor; und wenn man, wie es Herr Bertrand in seinem Werke ausschließlich tut (mir liegt die achte Auflage aus dem Jahre 1885 vor), die irrationale Zahl als Verhältnis meßbarer Größen auffaßt, so ist diese Art ihrer

Bestimmtheit schon auf das deutlichste in der berühmten Definition ausgesprochen, welche Euklid (Elemente V. 5) für die Gleichheit der Verhältnisse aufstellt. Eben diese uralte Überzeugung ist nun gewiß die Quelle meiner Theorie wie derjenigen des Herrn Bertrand und mancher anderen, mehr oder weniger durchgeführten Versuche gewesen, die Einführung der irrationalen Zahlen in die Arithmetik zu begründen. Aber wenn man Herrn Tannery soweit vollständig beistimmen wird, so muß man bei einer wirklichen Prüfung doch sofort bemerken, daß die Darstellung des Herrn Bertrand, in der die Erscheinung des Schnittes in ihrer logischen Reinheit gar nicht einmal erwähnt wird, mit der meinigen durchaus keine Ähnlichkeit hat, insofern sie sogleich ihre Zuflucht zu der Existenz einer meßbaren Größe nimmt, was ich aus den oben besprochenen Gründen gänzlich verwerfe; und abgesehen von diesem Umstande, scheint mir diese Darstellung auch in den nachfolgenden, auf die Annahme dieser Existenz gegründeten Definitionen und Beweisen noch einige so wesentliche Lücken darzubieten, daß ich die in meiner Schrift (§ 6) ausgesprochene Behauptung, der Satz $\sqrt{2} \cdot \sqrt{3} = \sqrt{6}$ sei noch nirgends streng bewiesen, auch in Hinsicht auf dieses in mancher anderen Beziehung treffliche Werk, welches ich damals noch nicht kannte, für gerechtfertigt halte.

Harzburg, 5. Oktober 1887

**R. Dedekind**

# Vorwort zur zweiten Auflage

Die vorliegende Schrift hat bald nach ihrem Erscheinen neben günstigen auch ungünstige Beurteilungen gefunden, ja es sind ihr arge Fehler vorgeworfen. Ich habe mich von der Richtigkeit dieser Vorwürfe nicht überzeugen können und lasse jetzt die seit kurzem vergriffene Schrift, zu deren öffentlicher Verteidigung es mir an Zeit fehlt, ohne jede Änderung wieder abdrucken, indem ich nur folgende Bemerkungen dem ersten Vorworte hinzufüge.

Die Eigenschaft, welche ich als Definition (64) des unendlichen Systems benutzt habe, ist schon vor dem Erscheinen meiner Schrift von G. Cantor (Ein Beitrag zur Mannigfaltigkeitslehre, Crelle's Journal, Bd. 84; 1878), ja sogar schon von Bolzano (Paradoxien des Unendlichen, § 20; 1851) hervorgehoben. Aber keiner der genannten Schriftsteller hat den Versuch gemacht, diese Eigenschaft zur Definition des Unendlichen zu erheben und auf dieser Grundlage die Wissenschaft von den Zahlen streng logisch aufzubauen, und gerade hierin besteht der Inhalt meiner mühsamen Arbeit, die ich in allem Wesentlichen schon mehrere Jahre vor dem Erscheinen der Abhandlung von G. Cantor und zu einer Zeit vollendet hatte, als mir das Werk von Bolzano selbst dem Namen nach gänzlich unbekannt war. Für diejenigen, welche Interesse und Verständnis für die Schwierigkeiten einer solchen Untersuchung haben, bemerke ich noch folgendes. Man kann eine ganz andere Definition des Endlichen und Unendlichen aufstellen, welche insofern noch einfacher erscheint, als bei ihr nicht einmal der Begriff der Ähnlichkeit einer Abbildung (26) vorausgesetzt wird, nämlich:

„Ein System $S$ heißt endlich, wenn es sich so in sich selbst abbilden läßt (36), daß kein echter Teil (6) von $S$ in sich selbst abgebildet wird; im entgegengesetzten Falle heißt $S$ ein unendliches System.“

Nun mache man einmal den Versuch, auf dieser neuen Grundlage das Gebäude zu errichten! Man wird alsbald auf große Schwierigkeiten stoßen, und ich glaube behaupten zu dürfen, daß selbst der Nachweis der vollständigen Übereinstimmung dieser Definition mit der früheren nur dann (und dann auch leicht) gelingt, wenn man die Reihe der natürlichen Zahlen schon als entwickelt ansehen und auch die Schlußbetrachtung in (131) zu Hilfe nehmen darf; und doch ist von allen diesen Dingen weder in der einen noch in der anderen Definition die Rede! Man wird dabei erkennen, wie sehr groß die Anzahl der Gedankenschritte ist, die zu einer solchen Umformung einer Definition erforderlich sind.

Etwa ein Jahr nach der Herausgabe meiner Schrift habe ich die schon im Jahre 1884 erschienenen Grundlagen der Arithmetik von G. Frege kennengelernt. Wie verschieden die in diesem Werke niedergelegte Ansicht über das Wesen der Zahl von der meinigen auch sein mag, so enthält es, namentlich von § 79 an, doch auch sehr nahe Berührungspunkte mit meiner Schrift, insbesondere mit meiner Erklärung (44). Freilich ist die Übereinstimmung wegen der abweichenden Ausdrucksweise nicht leicht zu erkennen; aber schon die Bestimmtheit, mit welcher der Verfasser sich über die Schlußweise von $n$ auf $n+1$ ausspricht (unten auf S. 93), zeigt deutlich, daß er hier auf demselben Boden mit mir steht.

Inzwischen sind (1890 bis 1891) die Vorlesungen über die Algebra der Logik von E. Schröder fast vollständig erschienen. Auf die Bedeutung dieses höchst anregenden Werkes, dem ich meine größte Anerkennung zolle, hier näher einzugehen. ist unmöglich; vielmehr möchte ich mich nur entschuldigen, daß ich trotz der auf S. 253 des ersten Teiles gemachten Bemerkung meine etwas schwerfälligen Bezeichnungen (8) und (17) doch beibehalten habe; dieselben machen keinen Anspruch darauf, allgemein angenommen zu werden, sondern bescheiden sich, lediglich den Zwecken dieser arithmetischen Schrift zu dienen, wozu sie nach meiner Ansicht besser geeignet sind, als Summen- und Produktzeichen.

Harzburg, 24. August 1893

**R. Dedekind**

# Vorwort zur dritten Auflage

Als ich vor etwa acht Jahren auigefordert wurde, die damals schon vergriffene zweite Auflage dieser Schrift durch eine dritte zu ersetzen, trug ich Bedenken, darauf einzugehen, weil inzwischen sich Zweifel an der Sicherheit wichtiger Grundlagen meiner Auffassung geltend gemacht hatten. Die Bedeutung und teilweise Berechtigung dieser Zweifel verkenne ich auch heute nicht. Aber mein Vertrauen in die innere Harmonie unserer Logik ist dadurch nicht erschüttert; ich glaube, daß eine strenge Untersuchung der Schöpferkraft des Geistes, aus bestimmten Elementen ein neues Bestimmtes, ihr System zu erschaffen, das notwendig von jedem dieser Elemente verschieden ist, gewiß dazu führen wird, die Grundlagen meiner Schrift einwandfrei zu gestalten. Durch andere Arbeiten bin ich jedoch verhindert, eine so schwierige Untersuchung zu Ende zu führen, und ich bitte daher um Nachsicht, wenn die Schrift jetzt doch in ungeänderter Form zum dritten Male erscheint, was sich nur dadurch rechtfertigen läßt, daß das Interesse an ihr, wie die anhaltende Nachfrage zeigt, noch nicht erloschen ist.

Braunschweig, 30. September 1911

**R. Dedekind**

§ 1

## Systeme von Elementen

1. Im folgenden verstehe ich unter einem Ding jeden Gegenstand unseres Denkens. Um bequem von den Dingen sprechen zu können, bezeichnet man sie durch Zeichen, z. B. durch Buchstaben, und man erlaubt sich, kurz von dem Ding $a$ oder gar von $a$ zu sprechen, wo man in Wahrheit das durch $a$ bezeichnete Ding, keineswegs den Buchstaben $a$ selbst meint. Ein Ding ist vollständig bestimmt durch alles das, was von ihm ausgesagt oder gedacht werden kann. Ein Ding $a$ ist dasselbe wie $b$ (identisch mit $b$), und $b$ dasselbe wie $a$, wenn alles, was von $a$ gedacht werden kann, auch von $b$, und wenn alles, was von $b$ gilt, auch von $a$ gedacht werden kann. Daß $a$ und $b$ nur Zeichen oder Namen für ein und dasselbe Ding sind, wird durch das Zeichen $a = b$ und ebenso durch $b = a$ angedeutet. Ist außerdem $b = c$, ist also $c$ ebenfalls, wie $a$, ein Zeichen für das mit $b$ bezeichnete Ding, so ist auch $a = c$. Ist die obige Übereinstimmung des durch $a$ bezeichneten Dinges mit dem durch $b$ bezeichneten Dinge nicht vorhanden, so heißen diese Dinge $a$, $b$ verschieden, $a$ ist ein anderes Ding wie $b$, $b$ ein anderes Ding wie $a$; es gibt irgendeine Eigenschaft, die dem einen zukommt, dem anderen nicht zukommt.

2. Es kommt sehr häufig vor, daß verschiedene Dinge $a, b, c \ldots$ aus irgendeiner Veranlassung unter einem gemeinsamen Gesichtspunkte aufgefaßt, im Geiste zusammengestellt werden, und man sagt dann, daß sie ein System $S$ bilden; man nennt die Dinge $a, b, c \ldots$ die Elemente des Systems $S$, sie sind enthalten in $S$; umgekehrt besteht $S$ aus diesen Elementen. Ein solches System $S$ (oder ein Inbegriff, eine Mannigfaltigkeit, eine Gesamtheit) ist als Gegenstand unseres Denkens ebenfalls ein Ding (1); es ist vollständig bestimmt, wenn von jedem Ding bestimmt ist, ob es Element von $S$ ist oder

nicht*). Das System $S$ ist daher dasselbe wie das System $T$, in Zeichen $S = T$, wenn jedes Element von $S$ auch Element von $T$ und jedes Element von $T$ auch Element von $S$ ist. Für die Gleichförmigkeit der Ausdrucksweise ist es vorteilhaft, auch den besonderen Fall zuzulassen, daß ein System $S$ aus einem einzigen (aus einem und nur einem) Element $a$ besteht, d. h. daß das Ding $a$ Element von $S$, aber jedes von $a$ verschiedene Ding kein Element von $S$ ist. Dagegen wollen wir das leere System, welches gar kein Element enthält, aus gewissen Gründen hier ganz ausschließen, obwohl es für andere Untersuchungen bequem sein kann, ein solches zu erdichten.

3. Erklärung. Ein System $A$ heißt Teil eines Systems $S$, wenn jedes Element von $A$ auch Element von $S$ ist. Da diese Beziehung zwischen einem System $A$ und einem System $S$ im folgenden immer wieder zur Sprache kommen wird, so wollen wir dieselbe zur Abkürzung durch das Zeichen $A \, 3 \, S$ ausdrücken. Das umgekehrte Zeichen $S \, \mathcal{E} \, A$, wodurch dieselbe Tatsache bezeichnet werden könnte, werde ich der Deutlichkeit und Einfachheit halber gänzlich vermeiden, aber ich werde in Ermangelung eines besseren Wortes bisweilen sagen, daß $S$ Ganzes von $A$ ist, wodurch also ausgedrückt werden soll, daß unter den Elementen von $S$ sich auch alle Elemente von $A$ befinden. Da ferner jedes Element $s$ eines Systems $S$ nach 2 selbst als System aufgefaßt werden kann, so können wir auch hierauf die Bezeichnung $s \, 3 \, S$ anwenden.

4. Satz. Zufolge 3 ist $A \, 3 \, A$.

5. Satz. Ist $A \, 3 \, B$ und $B \, 3 \, A$, so ist $A = B$.

Der Beweis folgt aus 3, 2.

6. Erklärung. Ein System $A$ heißt echter Teil von $S$, wenn $A$ Teil von $S$, aber verschieden von $S$ ist. Nach 5 ist dann $S$ kein Teil von $A$, d. h. (3) es gibt in $S$ ein Element, welches kein Element von $A$ ist.

---

*) Auf welche Weise diese Bestimmtheit zustande kommt, und ob wir einen Weg kennen, um hierüber zu entscheiden, ist für alles Folgende gänzlich gleichgültig; die zu entwickelnden allgemeinen Gesetze hängen davon gar nicht ab, sie gelten unter allen Umständen. Ich erwähne dies ausdrücklich, weil Herr Kronecker vor kurzem (in Band 99 des Journals für Mathematik, S. 334—336) der freien Begriffsbildung in der Mathematik gewisse Beschränkungen hat auferlegen wollen, die ich nicht als berechtigt anerkenne; näher hierauf einzugehen, erscheint aber erst dann geboten, wenn der ausgezeichnete Mathematiker seine Gründe für die Notwendigkeit oder auch nur die Zweckmäßigkeit dieser Beschränkungen veröffentlicht haben wird.

7. **Satz.** Ist $A \,\mathbf{3}\, B$ und $B \,\mathbf{3}\, C$, was auch kurz durch $A \,\mathbf{3}\, B \,\mathbf{3}\, C$ bezeichnet werden kann, so ist $A \,\mathbf{3}\, C$, und zwar ist $A$ gewiß echter Teil von $C$, wenn $A$ echter Teil von $B$ oder wenn $B$ echter Teil von $C$ ist.

Der Beweis folgt aus 3, 6.

8. **Erklärung.** Unter dem aus irgendwelchen Systemen $A, B, C \ldots$ zusammengesetzten System, welches mit $\mathfrak{M}(A, B, C \ldots)$ bezeichnet werden soll, wird dasjenige System verstanden, dessen Elemente durch folgende Vorschrift bestimmt werden: ein Ding gilt dann und nur dann als Element von $\mathfrak{M}(A, B, C \ldots)$, wenn es Element von irgendeinem der Systeme $A, B, C \ldots$, d. h. Element von $A$ oder $B$ oder $C \ldots$ ist. Wir lassen auch den Fall zu, daß nur ein einziges System $A$ vorliegt; dann ist offenbar $\mathfrak{M}(A) = A$. Wir bemerken ferner, daß das aus $A, B, C \ldots$ zusammengesetzte System $\mathfrak{M}(A, B, C \ldots)$ wohl zu unterscheiden ist von demjenigen System, dessen Elemente die Systeme $A, B, C \ldots$ selbst sind.

9. **Satz.** Die Systeme $A, B, C \ldots$ sind Teile von

$$\mathfrak{M}(A, B, C \ldots).$$

Der Beweis folgt aus 8, 3.

10. **Satz.** Sind $A, B, C \ldots$ Teile eines Systems $S$, so ist $\mathfrak{M}(A, B, C \ldots) \,\mathbf{3}\, S$.

Der Beweis folgt aus 8, 3.

11. **Satz.** Ist $P$ Teil von einem der Systeme $A, B, C \ldots$, so ist $P \,\mathbf{3}\, \mathfrak{M}(A, B, C \ldots)$.

Der Beweis folgt aus 9, 7.

12. **Satz.** Ist jedes der Systeme $P, Q \ldots$ Teil von einem der Systeme $A, B, C \ldots$, so ist $\mathfrak{M}(P, Q \ldots) \,\mathbf{3}\, \mathfrak{M}(A, B, C \ldots)$.

Der Beweis folgt aus 11, 10.

13. **Satz.** Ist $A$ zusammengesetzt aus irgendwelchen der Systeme $P, Q \ldots$, so ist $A \,\mathbf{3}\, \mathfrak{M}(P, Q \ldots)$.

**Beweis.** Denn jedes Element von $A$ ist nach 8 Element von einem der Systeme $P, Q \ldots$, folglich nach 8 auch Element von $\mathfrak{M}(P, Q \ldots)$, woraus nach 3 der Satz folgt.

14. **Satz.** Ist jedes der Systeme $A, B, C \ldots$ zusammengesetzt aus irgendwelchen der Systeme $P, Q \ldots$, so ist

$$\mathfrak{M}(A, B, C \ldots) \,\mathbf{3}\, \mathfrak{M}(P, Q \ldots).$$

Der Beweis folgt aus 13, 10.

15. Satz. Ist jedes der Systeme $P, Q \ldots$ Teil von einem der Systeme $A, B, C \ldots$, und ist jedes der letzteren zusammengesetzt aus irgendwelchen der ersteren, so ist

$$\mathfrak{M}(P, Q \ldots) = \mathfrak{M}(A, B, C \ldots).$$

Der Beweis folgt aus 12, 14, 5.

16. Satz. Ist $A = \mathfrak{M}(P, Q)$ und $B = \mathfrak{M}(Q, R)$, so ist $\mathfrak{M}(A, R) = \mathfrak{M}(P, B)$.

Beweis. Denn nach dem vorhergehenden Satze 15 ist sowohl $\mathfrak{M}(A, R)$ als $\mathfrak{M}(P, B) = \mathfrak{M}(P, Q, R)$.

17. Erklärung. Ein Ding $g$ heißt gemeinsames Element der Systeme $A, B, C \ldots$, wenn es in jedem dieser Systeme (also in $A$ und in $B$ und in $C \ldots$) enthalten ist. Ebenso heißt ein System $T$ ein Gemeinteil von $A, B, C \ldots$, wenn $T$ Teil von jedem dieser Systeme ist, und unter der Gemeinheit der Systeme $A, B, C \ldots$ verstehen wir das vollständig bestimmte System $\mathfrak{G}(A, B, C \ldots)$, welches aus allen gemeinsamen Elementen $g$ von $A, B, C \ldots$ besteht und folglich ebenfalls ein Gemeinteil derselben Systeme ist. Wir lassen auch wieder den Fall zu, daß nur ein einziges System $A$ vorliegt; dann ist $\mathfrak{G}(A) = A$ zu setzen. Es kann aber auch der Fall eintreten, daß die Systeme $A, B, C \ldots$ gar kein gemeinsames Element, also auch keinen Gemeinteil, keine Gemeinheit besitzen; sie heißen dann Systeme ohne Gemeinteil, und das Zeichen $\mathfrak{G}(A, B, C \ldots)$ ist bedeutungslos (vgl. den Schluß von 2). Wir werden es aber fast immer dem Leser überlassen, bei Sätzen über Gemeinheiten die Bedingung ihrer Existenz hinzuzudenken und die richtige Deutung dieser Sätze auch für den Fall der Nicht-Existenz zu finden.

18. Satz. Jeder Gemeinteil von $A, B, C \ldots$ ist Teil von $\mathfrak{G}(A, B, C \ldots)$.

Der Beweis folgt aus 17.

19. Satz. Jeder Teil von $\mathfrak{G}(A, B, C \ldots)$ ist Gemeinteil von $A, B, C \ldots$

Der Beweis folgt aus 17, 7.

20. Satz. Ist jedes der Systeme $A, B, C \ldots$ Ganzes (3) von einem der Systeme $P, Q \ldots$, so ist

$$\mathfrak{G}(P, Q \ldots) \ni \mathfrak{G}(A, B, C \ldots).$$

Beweis. Denn jedes Element von $\mathfrak{G}(P, Q \ldots)$ ist gemeinsames Element von $P, Q \ldots$, also auch gemeinsames Element von $A, B, C \ldots$, w. z. b. w.

## § 2
### Abbildung eines Systems

**21. Erklärung** *). Unter einer **Abbildung** $\varphi$ eines Systems $S$ wird ein Gesetz verstanden, nach welchem zu jedem bestimmten Element $s$ von $S$ ein bestimmtes Ding gehört, welches das **Bild** von $s$ heißt und mit $\varphi(s)$ bezeichnet wird; wir sagen auch, daß $\varphi(s)$ dem Element $s$ entspricht, daß $\varphi(s)$ durch die Abbildung $\varphi$ aus $s$ entsteht oder erzeugt wird, daß $s$ durch die Abbildung $\varphi$ in $\varphi(s)$ übergeht. Ist nun $T$ irgendein Teil von $S$, so ist in der Abbildung $\varphi$ von $S$ zugleich eine bestimmte Abbildung von $T$ enthalten, welche der Einfachheit wegen wohl mit demselben Zeichen $\varphi$ bezeichnet werden darf und darin besteht, daß jedem Elemente $t$ des Systems $T$ dasselbe Bild $\varphi(t)$ entspricht, welches $t$ als Element von $S$ besitzt; zugleich soll das System, welches aus allen Bildern $\varphi(t)$ besteht, das **Bild von** $T$ heißen und mit $\varphi(T)$ bezeichnet werden, wodurch auch die Bedeutung von $\varphi(S)$ erklärt ist. Als ein Beispiel einer Abbildung eines Systems ist schon die Belegung seiner Elemente mit bestimmten Zeichen oder Namen anzusehen. Die einfachste Abbildung eines Systems ist diejenige, durch welche jedes seiner Elemente in sich selbst übergeht; sie soll die **identische Abbildung** des Systems heißen. Der Bequemlichkeit halber wollen wir in den folgenden Sätzen 22, 23, 24, die sich auf eine beliebige Abbildung $\varphi$ eines beliebigen Systems $S$ beziehen, die Bilder von Elementen $s$ und Teilen $T$ entsprechend durch $s'$ und $T'$ bezeichnen; außerdem setzen wir fest, daß kleine und große lateinische Buchstaben ohne Akzent immer Elemente und Teile dieses Systems $S$ bedeuten sollen.

**22. Satz** **). Ist $A \,\mathbf{3}\, B$, so ist $A' \,\mathbf{3}\, B'$.

**Beweis.** Denn jedes Element von $A'$ ist das Bild eines in $A$, also auch in $B$ enthaltenen Elementes und ist folglich Element von $B'$, w. z. b. w.

**23. Satz.** Das Bild von $\mathfrak{M}(A, B, C \ldots)$ ist $\mathfrak{M}(A', B', C' \ldots)$.

**Beweis.** Bezeichnet man das System $\mathfrak{M}(A, B, C \ldots)$, welches nach 10 ebenfalls Teil von $S$ ist, mit $M$, so ist jedes Element seines Bildes $M'$ das Bild $m'$ eines Elementes $m$ von $M$; da nun $m$

---

nach 8 auch Element von einem der Systeme $A$, $B$, $C$ ..., und folglich $m'$ Element von einem der Systeme $A'$, $B'$, $C'$ ..., also nach 8 auch Element von $\mathfrak{M}(A', B', C' \ldots)$ ist, so ist nach 3

$$M' \,3\, \mathfrak{M}(A', B', C' \ldots).$$

Andererseits, da $A$, $B$, $C$ ... nach 9 Teile von $M$, also $A'$, $B'$, $C'$ ... nach 22 Teile von $M'$ sind, so ist nach 10 auch

$$\mathfrak{M}(A', B', C' \ldots) \,3\, M',$$

und hieraus in Verbindung mit dem Obigen folgt nach 5 der zu beweisende Satz

$$M' = \mathfrak{M}(A', B', C' \ldots).$$

24. **Satz*).** Das Bild jedes Gemeinteils von $A$, $B$, $C$ ..., also auch das der Gemeinheit $\mathfrak{G}(A, B, C \ldots)$, ist Teil von $\mathfrak{G}(A', B', C' \ldots)$.

**Beweis.** Denn dasselbe ist nach 22 Gemeinteil von $A'$, $B'$, $C'$ ..., woraus der Satz nach 18 folgt.

25. **Erklärung und Satz.** Ist $\varphi$ eine Abbildung eines Systems $S$, und $\psi$ eine Abbildung des Bildes $S' = \varphi(S)$, so entspringt hieraus immer eine aus $\varphi$ und $\psi$ **zusammengesetzte**)** Abbildung $\theta$ von $S$, welche darin besteht, daß jedem Elemente $s$ von $S$ das Bild

$$\theta(s) = \psi(s') = \psi(\varphi(s))$$

entspricht, wo wieder $\varphi(s) = s'$ gesetzt ist. Diese Abbildung $\theta$ kann kurz durch das Symbol $\psi . \varphi$ oder $\psi\varphi$, das Bild $\theta(s)$ durch $\psi\varphi(s)$ bezeichnet werden, wobei auf die Stellung der Zeichen $\varphi$, $\psi$ wohl zu achten ist, weil das Zeichen $\varphi\psi$ im allgemeinen bedeutungslos ist und nur dann einen Sinn hat, wenn $\psi(S') \,3\, S$ ist. Bedeutet nun $\chi$ eine Abbildung des Systems $\psi(S') = \psi\varphi(S)$, und $\eta$ die aus $\psi$ und $\chi$ zusammengesetzte Abbildung $\chi\psi$ des Systems $S'$, so ist $\chi\,\theta(s) = \chi\,\psi(s') = \eta(s') = \eta\,\varphi(s)$, also stimmen die zusammengesetzten Abbildungen $\chi\,\theta$ und $\eta\,\varphi$ für jedes Element $s$ von $S$ miteinander überein, d. h. es ist $\chi\,\theta = \eta\,\varphi$. Dieser Satz kann nach der Bedeutung von $\theta$ und $\eta$ füglich durch

$$\chi . \psi\varphi = \chi\psi . \varphi$$

ausgedrückt, und diese aus $\varphi$, $\psi$, $\chi$ zusammengesetzte Abbildung kann kurz durch $\chi\psi\varphi$ bezeichnet werden.

---

*) Vgl. Satz 29.

**) Eine Verwechslung dieser Zusammensetzung von Abbildungen mit derjenigen der Systeme von Elementen (8) ist wohl nicht zu befürchten.

## § 3
## Ähnlichkeit einer Abbildung.   Ähnliche Systeme

26. **Erklärung.** Eine Abbildung $\varphi$ eines Systems $S$ heißt ähnlich (oder deutlich), wenn verschiedenen Elementen $a$, $b$ des Systems $S$ stets verschiedene Bilder $a' = \varphi(a)$, $b' = \varphi(b)$ entsprechen. Da in diesem Falle umgekehrt aus $s' = t'$ stets $s = t$ folgt, so ist jedes Element des Systems $S' = \varphi(S)$ das Bild $s'$ von einem einzigen, vollständig bestimmten Elemente $s$ des Systems $S$, und man kann daher der Abbildung $\varphi$ von $S$ eine umgekehrte, etwa mit $\overline{\varphi}$ zu bezeichnende Abbildung des Systems $S'$ gegenüberstellen, welche darin besteht, daß jedem Elemente $s'$ von $S'$ das Bild $\overline{\varphi}(s') = s$ entspricht und offenbar ebenfalls ähnlich ist. Es leuchtet ein, daß $\overline{\varphi}(S') = S$, daß ferner $\varphi$ die zu $\overline{\varphi}$ gehörige umgekehrte Abbildung, und daß die nach 25 aus $\varphi$ und $\overline{\varphi}$ zusammengesetzte Abbildung $\overline{\varphi}\varphi$ die identische Abbildung von $S$ ist (21). Zugleich ergeben sich folgende Ergänzungen zu § 2 unter Beibehaltung der dortigen Bezeichnungen.

27. **Satz**[*]. Ist $A' \, 3 \, B'$, so ist $A \, 3 \, B$.

**Beweis.** Denn wenn $a$ ein Element von $A$, so ist $a'$ ein Element von $A'$, also auch von $B'$, mithin $= b'$, wo $b$ ein Element von $B$; da aber aus $a' = b'$ immer $a = b$ folgt, so ist jedes Element $a$ von $A$ auch Element von $B$, w. z. b. w.

28. **Satz.** Ist $A' = B'$, so ist $A = B$.

Der Beweis folgt aus 27, 4, 5.

29. **Satz**[**]. Ist $G = \mathfrak{G}(A, B, C \ldots)$, so ist

$$G' = \mathfrak{G}(A', B', C' \ldots).$$

**Beweis.** Jedes Element von $\mathfrak{G}(A', B', C' \ldots)$ ist jedenfalls in $S'$ enthalten, also das Bild $g'$ eines in $S$ enthaltenen Elementes $g$; da aber $g'$ gemeinsames Element von $A', B', C' \ldots$ ist, so muß $g$ nach 27 gemeinsames Element von $A, B, C \ldots$, also auch Element von $G$ sein; mithin ist jedes Element von $\mathfrak{G}(A', B', C' \ldots)$ Bild eines Elementes $g$ von $G$, also Element von $G'$, d. h. es ist $\mathfrak{G}(A', B', C' \ldots) \, 3 \, G'$, und hieraus folgt unser Satz mit Rücksicht auf 24, 5.

30. **Satz.** Die identische Abbildung eines Systems ist immer eine ähnliche Abbildung.

---

[*] Vgl. Satz 22.
[**] Vgl. Satz 24.

31. **Satz.** Ist $\varphi$ eine ähnliche Abbildung von $S$, und $\psi$ eine ähnliche Abbildung von $\varphi(S)$, so ist die aus $\varphi$ und $\psi$ zusammengesetzte Abbildung $\psi\varphi$ von $S$ ebenfalls eine ähnliche, und die zugehörige umgekehrte Abbildung $\overline{\psi\varphi}$ ist $= \overline{\varphi}\,\overline{\psi}$.

**Beweis.** Denn verschiedenen Elementen $a$, $b$ von $S$ entsprechen verschiedene Bilder $a' = \varphi(a)$, $b' = \varphi(b)$, und diesen wieder verschiedene Bilder $\psi(a') = \psi\varphi(a)$, $\psi(b') = \psi\varphi(b)$, also ist $\psi\varphi$ eine ähnliche Abbildung. Außerdem geht jedes Element $\psi\varphi(s) = \psi(s')$ des Systems $\psi\varphi(S)$ durch $\overline{\psi}$ in $s' = \varphi(s)$ und dieses durch $\overline{\varphi}$ in $s$ über, also geht $\psi\varphi(s)$ durch $\overline{\varphi}\,\overline{\psi}$ in $s$ über, w. z. b. w.

32. **Erklärung.** Die Systeme $R$, $S$ heißen ähnlich, wenn es eine derartige ähnliche Abbildung $\varphi$ von $S$ gibt, daß $\varphi(S) = R$, also auch $\overline{\varphi}(R) = S$ wird. Offenbar ist nach 30 jedes System sich selbst ähnlich.

33. **Satz.** Sind $R$, $S$ ähnliche Systeme, so ist jedes mit $R$ ähnliche System $Q$ auch mit $S$ ähnlich.

**Beweis.** Denn sind $\varphi$, $\psi$ solche ähnliche Abbildungen von $S$, $R$, daß $\varphi(S) = R$, $\psi(R) = Q$ wird, so ist (nach 31) $\psi\varphi$ eine solche ähnliche Abbildung von $S$, daß $\psi\varphi(S) = Q$ wird, w. z. b. w.

34. **Erklärung.** Man kann daher alle Systeme in Klassen einteilen, indem man in eine bestimmte Klasse alle und nur die Systeme $Q$, $R$, $S$ ... aufnimmt, welche einem bestimmten System $R$, dem Repräsentanten der Klasse, ähnlich sind; nach dem vorhergehenden Satze 33 ändert sich die Klasse nicht, wenn irgendein anderes ihr angehöriges System $S$ als Repräsentant gewählt wird.

35. **Satz.** Sind $R$, $S$ ähnliche Systeme, so ist jeder Teil von $S$ auch einem Teile von $R$, jeder echte Teil von $S$ auch einem echten Teile von $R$ ähnlich.

**Beweis.** Denn wenn $\varphi$ eine ähnliche Abbildung von $S$, $\varphi(S) = R$, und $T \mathbin{3} S$ ist, so ist nach 22 das mit $T$ ähnliche System $\varphi(T) \mathbin{3} R$; ist ferner $T$ echter Teil von $S$, und $s$ ein nicht in $T$ enthaltenes Element von $S$, so kann das in $R$ enthaltene Element $\varphi(s)$ nach 27 nicht in $\varphi(T)$ enthalten sein; mithin ist $\varphi(T)$ echter Teil von $R$, w. z. b. w.

## § 4

### Abbildung eines Systems in sich selbst

36. **Erklärung.** Ist $\varphi$ eine ähnliche oder unähnliche Abbildung eines Systems $S$, und $\varphi(S)$ Teil eines Systems $Z$, so nennen wir $\varphi$

eine Abbildung von $S$ in $Z$, und wir sagen, $S$ werde durch $\varphi$ in $Z$ abgebildet. Wir nennen daher $\varphi$ eine Abbildung des Systems $S$ in sich selbst, wenn $\varphi(S) \mathbin{3} S$ ist, und wir wollen in diesem Paragraphen die allgemeinen Gesetze einer solchen Abbildung $\varphi$ untersuchen. Hierbei bedienen wir uns derselben Bezeichnungen wie in § 2, indem wir wieder $\varphi(s) = s'$, $\varphi(T) = T'$ setzen. Diese Bilder $s'$, $T'$ sind zufolge 22, 7 jetzt selbst wieder Elemente oder Teile von $S$, wie alle mit lateinischen Buchstaben bezeichneten Dinge.

37. **Erklärung.** $K$ heißt eine **Kette**, wenn $K' \mathbin{3} K$ ist. Wir bemerken ausdrücklich, daß dieser Name dem Teile $K$ des Systems $S$ nicht etwa an sich zukommt, sondern nur in Beziehung auf die bestimmte Abbildung $\varphi$ erteilt wird; in bezug auf eine andere Abbildung des Systems $S$ in sich selbst kann $K$ sehr wohl keine Kette sein.

38. **Satz.** $S$ ist eine Kette.

39. **Satz.** Das Bild $K'$ einer Kette $K$ ist eine Kette.

**Beweis.** Denn aus $K' \mathbin{3} K$ folgt nach 22 auch $(K')' \mathbin{3} K'$, w. z. b. w.

40. **Satz.** Ist $A$ Teil einer Kette $K$, so ist auch $A' \mathbin{3} K$.

**Beweis.** Denn aus $A \mathbin{3} K$ folgt (nach 22) $A' \mathbin{3} K'$, und da (nach 37) $K' \mathbin{3} K$ ist, so folgt (nach 7) $A' \mathbin{3} K$, w. z. b. w.

41. **Satz.** Ist das Bild $A'$ Teil einer Kette $L$, so gibt es eine Kette $K$, welche den Bedingungen $A \mathbin{3} K$, $K' \mathbin{3} L$ genügt; und zwar ist $\mathfrak{M}(A, L)$ eine solche Kette $K$.

**Beweis.** Setzt man wirklich $K = \mathfrak{M}(A, L)$, so ist nach 9 die eine Bedingung $A \mathbin{3} K$ erfüllt. Da nach 23 ferner $K' = \mathfrak{M}(A', L')$ und nach Annahme $A' \mathbin{3} L$, $L' \mathbin{3} L$ ist, so ist nach 10 auch die andere Bedingung $K' \mathbin{3} L$ erfüllt, und hieraus folgt, weil (nach 9) $L \mathbin{3} K$ ist, auch $K \mathbin{3} K$, d. h. $K$ ist eine Kette, w. z. b. w.

42. **Satz.** Ein aus lauter Ketten $A, B, C \ldots$ zusammengesetztes System $M$ ist eine Kette.

**Beweis.** Da (nach 23) $M' = \mathfrak{M}(A', B', C' \ldots)$ und nach Annahme $A' \mathbin{3} A$, $B' \mathbin{3} B$, $C' \mathbin{3} C \ldots$ ist, so folgt (nach 12) $M' \mathbin{3} M$, w. z. b. w.

43. **Satz.** Die Gemeinheit $G$ von lauter Ketten $A, B, C \ldots$ ist eine Kette.

**Beweis.** Da $G$ nach 17 Gemeinteil von $A, B, C \ldots$, also $G'$ nach 22 Gemeinteil von $A'. B', C' \ldots$ und nach Annahme $A' \mathbin{3} A$, $B' \mathbin{3} B$, $C' \mathbin{3} C \ldots$ ist, so ist (nach 7) $G'$ auch Gemeinteil von $A, B, C \ldots$ und folglich nach 18 auch Teil von $G$, w. z. b. w.

44. **Erklärung.** Ist $A$ irgendein Teil von $S$, so wollen wir mit $A_0$ die Gemeinheit aller derjenigen Ketten (z. B. $S$) bezeichnen, von welchen $A$ Teil ist; diese Gemeinheit $A_0$ existiert (vgl. 17), weil ja $A$ selbst Gemeinteil aller dieser Ketten ist. Da ferner $A_0$ nach 43 eine Kette ist, so wollen wir $A_0$ die **Kette des Systems** $A$ oder kurz die **Kette von** $A$ nennen. Auch diese Erklärung bezieht sich durchaus auf die zugrunde liegende bestimmte Abbildung $\varphi$ des Systems $S$ in sich selbst, und wenn es später der Deutlichkeit wegen nötig wird, so wollen wir statt $A_0$ lieber das Zeichen $\varphi_0(A)$ setzen, und ebenso werden wir die einer anderen Abbildung $\omega$ entsprechende Kette von $A$ mit $\omega_0(A)$ bezeichnen. Es gelten nun für diesen sehr wichtigen Begriff die folgenden Sätze.

45. **Satz.** Es ist $A \, 3 \, A_0$.

**Beweis.** Denn $A$ ist Gemeinteil aller derjenigen Ketten, deren Gemeinheit $A_0$ ist, woraus der Satz nach 18 folgt.

46. **Satz.** Es ist $(A_0)' \, 3 \, A_0$.

**Beweis.** Denn nach 44 ist $A_0$ eine Kette (37).

47. **Satz.** Ist $A$ Teil einer Kette $K$, so ist auch $A_0 \, 3 \, K$.

**Beweis.** Denn $A_0$ ist die Gemeinheit und folglich auch ein Gemeinteil aller der Ketten $K$, von denen $A$ Teil ist.

48. **Bemerkung.** Man überzeugt sich leicht, daß der in 44 erklärte Begriff der Kette $A_0$ durch die vorstehenden Sätze 45, 46, 47 vollständig charakterisiert ist.

49. **Satz.** Es ist $A' \, 3 \, (A_0)'$.

Der Beweis folgt aus 45, 22.

50. **Satz.** Es ist $A' \, 3 \, A_0$.

Der Beweis folgt aus 49, 46, 7.

51. **Satz.** Ist $A$ eine Kette, so ist $A_0 = A$.

**Beweis.** Da $A$ Teil der Kette $A$ ist, so ist nach 47 auch $A_0 \, 3 \, A$, woraus nach 45, 5 der Satz folgt.

52. **Satz.** Ist $B \, 3 \, A$, so ist $B \, 3 \, A_0$.

Der Beweis folgt aus 45, 7.

53. **Satz.** Ist $B \, 3 \, A_0$, so ist $B_0 \, 3 \, A_0$, und umgekehrt.

**Beweis** Weil $A_0$ eine Kette ist, so folgt nach 47 aus $B \, 3 \, A_0$ auch $B_0 \, 3 \, A_0$; umgekehrt, wenn $B_0 \, 3 \, A_0$, so folgt nach 7 auch $B \, 3 \, A_0$, weil (nach 45) $B \, 3 \, B_0$ ist.

54. **Satz.** Ist $B \, 3 \, A$, so ist $B_0 \, 3 \, A_0$.

Der Beweis folgt aus 52, 53.

55. **Satz.** Ist $B\,3\,A_0$, so ist auch $B'\,3\,A_0$.

**Beweis.** Denn nach 53 ist $B_0\,3\,A_0$, und da (nach 50) $B'\,3\,B_0$ ist, so folgt der zu beweisende Satz aus 7. Dasselbe ergibt sich, wie leicht zu sehen, auch aus 22, 46, 7 oder auch aus 40.

56. **Satz.** Ist $B\,3\,A_0$, so ist $(B_0)'\,3\,(A_0)'$.

Der Beweis folgt aus 53, 22.

57. **Satz und Erklärung.** Es ist $(A_0)' = (A')_0$, d. h. das Bild der Kette von $A$ ist zugleich die Kette des Bildes von $A$. Man kann daher dieses System kurz durch $A_0'$ bezeichnen und nach Belieben das **Kettenbild** oder die **Bildkette** von $A$ nennen. Nach der deutlicheren in 44 angegebenen Bezeichnung würde der Satz durch $\varphi(\varphi_0(A)) = \varphi_0(\varphi(A))$ auszudrücken sein.

**Beweis.** Setzt man zur Abkürzung $(A')_0 = L$, so ist $L$ eine Kette (44), und nach 45 ist $A'\,3\,L$, mithin gibt es nach 41 eine Kette $K$, welche den Bedingungen $A\,3\,K$, $K'\,3\,L$ genügt; hieraus folgt nach 47 auch $A_0\,3\,K$, also $(A_0)'\,3\,K'$, und folglich nach 7 auch $(A_0)'\,3\,L$, d. h.

$$(A_0)'\,3\,(A')_0.$$

Da nach 49 ferner $A'\,3\,(A_0)'$ und $(A_0)'$ nach 44, 39 eine Kette ist, so ist nach 47 auch

$$(A')_0\,3\,(A_0)',$$

woraus in Verbindung mit dem obigen Ergebnis der zu beweisende Satz folgt (5).

58. **Satz.** Es ist $A_0 = \mathfrak{M}(A, A_0')$, d. h. die Kette von $A$ ist zusammengesetzt aus $A$ und der Bildkette von $A$.

**Beweis.** Setzt man zur Abkürzung wieder

$$L = A_0' = (A_0)' = (A')_0 \quad \text{und} \quad K = \mathfrak{M}(A, L),$$

so ist (nach 45) $A'\,3\,L$, und da $L$ eine Kette ist, so gilt nach 41 dasselbe von $K$; da ferner $A\,3\,K$ ist (9), so folgt nach 47 auch

$$A_0\,3\,K.$$

Andererseits, da (nach 45) $A\,3\,A_0$ und nach 46 auch $L\,3\,A_0$, so ist nach 10 auch

$$K\,3\,A_0,$$

woraus in Verbindung mit dem obigen Ergebnis der zu beweisende Satz $A_0 = K$ folgt (5).

59. **Satz der vollständigen Induktion.** Um zu beweisen, daß die Kette $A_0$ Teil irgendeines Systems $\Sigma$ ist — mag letzteres Teil von $S$ sein oder nicht —, genügt es zu zeigen,

ϱ. daß $A \,3\, \Sigma$, und

σ. daß das Bild jedes gemeinsamen Elementes von $A_0$ und $\Sigma$ ebenfalls Element von $\Sigma$ ist.

**Beweis.** Denn wenn ϱ wahr ist, so existiert nach 45 jedenfalls die Gemeinheit $G = \mathfrak{G}(A_0, \Sigma)$, und zwar ist (nach 18) $A \,3\, G$; da außerdem nach 17

$$G \,3\, A_0$$

ist, so ist $G$ auch Teil unseres Systems $S$, welches durch $\varphi$ in sich selbst abgebildet ist, und zugleich folgt nach 55 auch $G' \,3\, A_0$. Wenn nun σ ebenfalls wahr, d. h. wenn $G' \,3\, \Sigma$ ist, so muß $G'$ als Gemeinteil der Systeme $A_0$, $\Sigma$ nach 18 Teil ihrer Gemeinheit $G$ sein, d. h. $G$ ist eine Kette (37), und da, wie schon oben bemerkt, $A \,3\, G$ ist, so folgt nach 47 auch

$$A_0 \,3\, G$$

und hieraus in Verbindung mit dem obigen Ergebnis $G = A_0$, also nach 17 auch $A_0 \,3\, \Sigma$, w. z. b. w.

60. Der vorstehende Satz bildet, wie sich später zeigen wird, die wissenschaftliche Grundlage für die unter dem Namen der **vollständigen Induktion** (des Schlusses von $n$ auf $n + 1$) bekannte Beweisart, und er kann auch auf folgende Weise ausgesprochen werden: Um zu beweisen, daß alle Elemente der Kette $A_0$ eine gewisse Eigenschaft $\mathfrak{E}$ besitzen (oder daß ein Satz $\mathfrak{S}$, in welchem von einem unbestimmten Dinge $n$ die Rede ist, wirklich für alle Elemente $n$ der Kette $A_0$ gilt), genügt es zu zeigen,

ϱ. daß alle Elemente $a$ des Systems $A$ die Eigenschaft $\mathfrak{E}$ besitzen (oder daß $\mathfrak{S}$ für alle $a$ gilt), und

σ. daß dem Bilde $n'$ jedes solchen Elementes $n$ von $A_0$, welches die Eigenschaft $\mathfrak{E}$ besitzt, dieselbe Eigenschaft $\mathfrak{E}$ zukommt (oder daß der Satz $\mathfrak{S}$, sobald er für ein Element $n$ von $A_0$ gilt, gewiß auch für dessen Bild $n'$ gelten muß).

In der Tat, bezeichnet man mit $\Sigma$ das System aller Dinge, welche die Eigenschaft $\mathfrak{E}$ besitzen (oder für welche der Satz $\mathfrak{S}$ gilt), so leuchtet die vollständige Übereinstimmung der jetzigen Ausdrucksweise des Satzes mit der in 59 gebrauchten unmittelbar ein.

61. **Satz.** Die Kette von $\mathfrak{M}(A, B, C \ldots)$ ist $\mathfrak{M}(A_0, B_0, C_0 \ldots)$.

**Beweis.** Bezeichnet man mit $M$ das erstere, mit $K$ das letztere System, so ist $K$ nach 42 eine Kette. Da nun jedes der Systeme

$A, B, C \ldots$ nach 45 Teil von einem der Systeme $A_0, B_0, C_0 \ldots$, mithin (nach 12) $M \, 3 \, K$ ist, so folgt nach 47 auch

$$M_0 \, 3 \, K.$$

Andererseits, da nach 9 jedes der Systeme $A, B, C \ldots$ Teil von $M$, also nach 45, 7 auch Teil der Kette $M_0$ ist, so muß nach 47 auch jedes der Systeme $A_0, B_0, C_0 \ldots$ Teil von $M_0$, mithin nach 10

$$K \, 3 \, M_0$$

sein, woraus in Verbindung mit dem Obigen der zu beweisende $M_0 = K$ folgt (5).

**62. Satz.** Die Kette von $\mathfrak{G}(A, B, C \ldots)$ ist Teil von $\mathfrak{G}(A_0, B_0, C_0 \ldots)$.

Beweis. Bezeichnet man mit $G$ das erstere, mit $K$ das letztere System, so ist $K$ nach 43 eine Kette. Da nun jedes der Systeme $A_0, B_0, C_0 \ldots$ nach 45 Ganzes von einem der Systeme $A, B, C \ldots$, mithin (nach 20) $G \, 3 \, K$ ist, so folgt aus 47 der zu beweisende Satz $G_0 \, 3 \, K$.

**63. Satz.** Ist $K' \, 3 \, L \, 3 \, K$, also $K$ eine Kette, so ist auch $L$ eine Kette. Ist dieselbe echter Teil von $K$, und $U$ das System aller derjenigen Elemente von $K$, die nicht in $L$ enthalten sind, ist ferner die Kette $U_0$ echter Teil von $K$, und $V$ das System aller derjenigen Elemente von $K$, die nicht in $U_0$ enthalten sind, so ist $K = \mathfrak{M}(U_0, V)$ und $L = \mathfrak{M}(U'_0, V)$. Ist endlich $L = K'$, so ist $V \, 3 \, V'$.

Der Beweis dieses Satzes, von dem wir (wie von den beiden vorhergehenden) keinen Gebrauch machen werden, möge dem Leser überlassen bleiben.

§ 5

### Das Endliche und Unendliche

**64. Erklärung*).** Ein System $S$ heißt unendlich, wenn es einem echten Teile seiner selbst ähnlich ist (32); im entgegengesetzten Falle heißt $S$ ein endliches System.

---

*) Will man den Begriff ähnlicher Systeme (32) nicht benutzen, so muß man sagen: $S$ heißt unendlich, wenn es einen echten Teil von $S$ gibt (6), in welchem $S$ sich deutlich (ähnlich) abbilden läßt (26, 36). In dieser Form habe ich die Definition des Unendlichen, welche den Kern meiner ganzen Untersuchung bildet, im September 1882 Herrn G. Cantor und schon mehrere Jahre früher auch den Herren Schwarz und Weber mitgeteilt. Alle anderen mir bekannten Versuche, das Unendliche vom Endlichen zu unterscheiden, scheinen mir so wenig gelungen zu sein, daß ich auf eine Kritik derselben verzichten zu dürfen glaube.

65. **Satz.** Jedes aus einem einzigen Elemente bestehende System ist endlich.

**Beweis.** Denn ein solches System besitzt gar keinen echten Teil (2, 6).

66. **Satz.** Es gibt unendliche Systeme.

**Beweis** *). Meine Gedankenwelt, d. h. die Gesamtheit $S$ aller Dinge, welche Gegenstand meines Denkens sein können, ist unendlich. Denn wenn $s$ ein Element von $S$ bedeutet, so ist der Gedanke $s'$, daß $s$ Gegenstand meines Denkens sein kann, selbst ein Element von $S$. Sieht man dasselbe als Bild $\varphi(s)$ des Elementes $s$ an, so hat daher die hierdurch bestimmte Abbildung $\varphi$ von $S$ die Eigenschaft, daß das Bild $S'$ Teil von $S$ ist; und zwar ist $S'$ echter Teil von $S$, weil es in $S$ Elemente gibt (z. B. mein eigenes Ich), welche von jedem solchen Gedanken $s'$ verschieden und deshalb nicht in $S'$ enthalten sind. Endlich leuchtet ein, daß, wenn $a$, $b$ verschiedene Elemente von $S$ sind, auch ihre Bilder $a'$, $b'$ verschieden sind, daß also die Abbildung $\varphi$ eine deutliche (ähnliche) ist (26). Mithin ist $S$ unendlich, w. z. b. w.

67. **Satz.** Sind $R$, $S$ ähnliche Systeme, so ist $R$ endlich oder unendlich, je nachdem $S$ endlich oder unendlich ist.

**Beweis.** Ist $S$ unendlich, also ähnlich einem echten Teile $S'$ seiner selbst, so muß, wenn $R$ und $S$ ähnlich sind, $S'$ nach 33 ähnlich mit $R$ und nach 35 zugleich ähnlich mit einem echten Teile von $R$ sein, welcher mithin nach 33 selbst ähnlich mit $R$ ist; also ist $R$ unendlich, w. z. b. w.

68. **Satz.** Jedes System $S$, welches einen unendlichen Teil $T$ besitzt, ist ebenfalls unendlich; oder mit anderen Worten, jeder Teil eines endlichen Systems ist endlich.

**Beweis.** Ist $T$ unendlich, gibt es also eine solche ähnliche Abbildung $\psi$ von $T$, daß $\psi(T)$ ein echter Teil von $T$ wird, so kann man, wenn $T$ Teil von $S$ ist, diese Abbildung $\psi$ zu einer Abbildung $\varphi$ von $S$ erweitern, indem man, wenn $s$ irgendein Element von $S$ bedeutet, $\varphi(s) = \psi(s)$ oder $\varphi(s) = s$ setzt, je nachdem $s$ Element von $T$ ist oder nicht. Diese Abbildung $\varphi$ ist eine ähnliche; bedeuten nämlich $a$, $b$ verschiedene Elemente von $S$, so ist, wenn sie zugleich

---

*) Eine ähnliche Betrachtung findet sich in § 13 der Paradoxien des Unendlichen von **Bolzano** (Leipzig 1851).

in $T$ enthalten sind, das Bild $\varphi(a) = \psi(a)$ verschieden von dem Bilde $\varphi(b) = \psi(b)$, weil $\psi$ eine ähnliche Abbildung ist; wenn ferner $a$ in $T$, $b$ nicht in $T$ enthalten ist, so ist $\varphi(a) = \psi(a)$ verschieden von $\varphi(b) = (b)$, weil $\psi(a)$ in $T$ enthalten ist; wenn endlich weder $a$ noch $b$ in $T$ enthalten ist, so ist ebenfalls $\varphi(a) = a$ verschieden von $\varphi(b) = b$, was zu zeigen war. Da ferner $\psi(T)$ Teil von $T$, also nach 7 auch Teil von $S$ ist, so leuchtet ein, daß auch $\varphi(S)\,3\,S$ ist. Da endlich $\psi(T)$ echter Teil von $T$ ist, so gibt es in $T$, also auch in $S$ ein Element $t$, welches nicht in $\psi(T) = \varphi(T)$ enthalten ist; da nun das Bild $\varphi(s)$ jedes nicht in $T$ enthaltenen Elementes $s$ selbst $= s$, also auch von $t$ verschieden ist, so kann $t$ überhaupt nicht in $\varphi(S)$ enthalten sein; mithin ist $\varphi(S)$ echter Teil von $S$, und folglich ist $S$ unendlich, w. z. b. w.

69. **Satz.** Jedes System, welches einem Teile eines endlichen Systems ähnlich ist, ist selbst endlich.

Der Beweis folgt aus 67, 68.

70. **Satz.** Ist $a$ ein Element von $S$, und ist der Inbegriff $T$ aller von $a$ verschiedenen Elemente von $S$ endlich, so ist auch $S$ endlich.

**Beweis.** Wir haben (nach 64) zu zeigen, daß, wenn $\varphi$ irgendeine ähnliche Abbildung von $S$ in sich selbst bedeutet, das Bild $\varphi(S)$ oder $S'$ niemals ein echter Teil von $S$, sondern immer $= S$ ist. Offenbar ist $S = \mathfrak{M}(a, T)$, und folglich nach 23, wenn die Bilder wieder durch Akzente bezeichnet werden, $S' = \mathfrak{M}(a', T')$, und wegen der Ähnlichkeit der Abbildung $\varphi$ ist $a'$ nicht in $T'$ enthalten (26). Da ferner nach Annahme $S'\,3\,S$ ist, so muß $a'$ und ebenso jedes Element von $T'$ entweder $= a$ oder Element von $T$ sein. Wenn daher — welchen Fall wir zunächst behandeln wollen — $a$ nicht in $T'$ enthalten ist, so muß $T'\,3\,T$ und folglich $T = T$ sein, weil $\varphi$ eine ähnliche Abbildung und weil $T$ ein endliches System ist; und da $a'$, wie bemerkt, nicht in $T'$, d. h. nicht in $T$ enthalten ist, so muß $a' = a$ sein, und folglich ist in diesem Falle wirklich $S' = S$, wie behauptet war. Im entgegengesetzten Falle, wenn $a$ in $T'$ enthalten und folglich das Bild $b'$ eines in $T$ enthaltenen Elementes $b$ ist, wollen wir mit $U$ den Inbegriff aller derjenigen Elemente $u$ von $T$ bezeichnen, welche von $b$ verschieden sind; dann ist $T = \mathfrak{M}(b, U)$ und (nach 15) $S = \mathfrak{M}(a, b, U)$, also $S' = \mathfrak{M}(a', a, U')$. Wir bestimmen nun eine neue Abbildung $\psi$ von $T$, indem wir $\psi(b) = a'$

und allgemein $\psi(u) = u'$ setzen, wodurch (nach 23) $\psi(T) = \mathfrak{M}(a', U')$ wird. Offenbar ist $\psi$ eine ähnliche Abbildung, weil $\varphi$ eine solche war, und weil $a$ nicht in $U$, also auch $a'$ nicht in $U'$ enthalten ist. Da ferner $a$ und jedes Element $u$ verschieden von $b$ ist, so muß (wegen der Ähnlichkeit von $\varphi$) auch $a'$ und jedes Element $u'$ verschieden von $a$ und folglich in $T$ enthalten sein; mithin ist $\psi(T)\,3\,T$, und da $T$ endlich ist, so muß $\psi(T) = T$, also $\mathfrak{M}(a', U') = T$ sein. Hieraus folgt aber (nach 15)

$$\mathfrak{M}(a', a, U') = \mathfrak{M}(a, T),$$

d. h. nach dem Obigen $S' = S$. Also ist auch in diesem Falle der erforderliche Beweis geführt.

## § 6

### Einfach unendliche Systeme. Reihe der natürlichen Zahlen

71. **Erklärung.** Ein System $N$ heißt **einfach unendlich**, wenn es eine solche ähnliche Abbildung $\varphi$ von $N$ in sich selbst gibt, daß $N$ als Kette (44) eines Elementes erscheint, welches nicht in $\varphi(N)$ enthalten ist. Wir nennen dies Element, das wir im folgenden durch das Symbol 1 bezeichnen wollen, das **Grundelement** von $N$ und sagen zugleich, das einfach unendliche System $N$ sei durch diese Abbildung $\varphi$ **geordnet**. Behalten wir die früheren bequemen Bezeichnungen für die Bilder und Ketten bei (§ 4), so besteht mithin das Wesen eines einfach unendlichen Systems $N$ in der Existenz einer Abbildung $\varphi$ von $N$ und eines Elementes 1, die den folgenden Bedingungen $\alpha$, $\beta$, $\gamma$, $\delta$ genügen:

$\alpha.$  $N'\,3\,N.$

$\beta.$  $N = 1_0.$

$\gamma.$  Das Element 1 ist nicht in $N'$ enthalten.

$\delta.$  Die Abbildung $\varphi$ ist ähnlich.

Offenbar folgt aus $\alpha$, $\gamma$, $\delta$, daß jedes einfach unendliche System $N$ wirklich ein unendliches System ist (64), weil es einem echten Teile $N'$ seiner selbst ähnlich ist.

72. **Satz.** In jedem unendlichen System $S$ ist ein einfach unendliches System $N$ als Teil enthalten.

**Beweis.** Es gibt nach 64 eine solche ähnliche Abbildung $\varphi$ von $S$, daß $\varphi(S)$ oder $S'$ ein echter Teil von $S$ wird; es gibt also ein Element 1 in $S$, welches nicht in $S'$ enthalten ist. Die Kette

$N = 1_0$, welche dieser Abbildung $\varphi$ des Systems $S$ in sich selbst entspricht (44), ist ein einfach unendliches, durch $\varphi$ geordnetes System; denn die charakteristischen Bedingungen $\alpha$, $\beta$, $\gamma$, $\delta$ in 71 sind offenbar sämtlich erfüllt.

**73. Erklärung.** Wenn man bei der Betrachtung eines einfach unendlichen, durch eine Abbildung $\varphi$ geordneten Systems $N$ von der besonderen Beschaffenheit der Elemente gänzlich absieht, lediglich ihre Unterscheidbarkeit festhält und nur die Beziehungen auffaßt, in die sie durch die ordnende Abbildung $\varphi$ zueinander gesetzt sind, so heißen diese Elemente **natürliche Zahlen** oder **Ordinalzahlen** oder auch schlechthin **Zahlen**, und das Grundelement 1 heißt die **Grundzahl** der **Zahlenreihe** $N$. In Rücksicht auf diese Befreiung der Elemente von jedem anderen Inhalt (Abstraktion) kann man die Zahlen mit Recht eine freie Schöpfung des menschlichen Geistes nennen. Die Beziehungen oder Gesetze, welche ganz allein aus den Bedingungen $\alpha$, $\beta$, $\gamma$, $\delta$ in 71 abgeleitet werden und deshalb in allen geordneten einfach unendlichen Systemen immer dieselben sind, wie auch die den einzelnen Elementen zufällig gegebenen Namen lauten mögen (vgl. 134), bilden den nächsten Gegenstand der **Wissenschaft von den Zahlen** oder der **Arithmetik**. Aus den allgemeinen Begriffen und Sätzen des § 4 über Abbildung eines Systems in sich selbst entnehmen wir zunächst unmittelbar die folgenden Grundsätze, wobei unter $a, b \ldots m, n \ldots$ stets Elemente von $N$, also Zahlen, unter $A, B, C \ldots$ Teile von $N$, unter $a', b' \ldots m', n' \ldots A', B', C' \ldots$ die entsprechenden Bilder verstanden werden, welche durch die ordnende Abbildung $\varphi$ erzeugt und stets wieder Elemente oder Teile von $N$ sind; das Bild $n'$ einer Zahl $n$ wird auch die auf $n$ **folgende Zahl** genannt.

**74. Satz.** Jede Zahl $n$ ist nach 45 in ihrer Kette $n_0$ enthalten, und nach 53 ist die Bedingung $n\,3\,m_0$ gleichwertig mit $n_0\,3\,m_0$.

**75. Satz.** Zufolge 57 ist $n_0' = (n_0)' = (n')_0$.

**76. Satz.** Zufolge 46 ist $n_0'\,3\,n_0$.

**77. Satz.** Zufolge 58 ist $n_0 = \mathfrak{M}\,(n, n_0')$.

**78. Satz.** Es ist $N = \mathfrak{M}\,(1, N')$, also ist jede von der Grundzahl 1 verschiedene Zahl Element von $N'$, d. h. Bild einer Zahl.

Der Beweis folgt aus 77 und 71.

**79. Satz.** $N$ ist die einzige Zahlenkette, in welcher die Grundzahl 1 enthalten ist.

Beweis. Denn wenn 1 Element einer Zahlenkette $K$ ist, so ist nach 47 die zugehörige Kette $N \, 3 \, K$, folglich $N = K$, weil selbstverständlich $K \, 3 \, N$ ist.

80. Satz der vollständigen Induktion (Schluß von $n$ auf $n'$). Um zu beweisen, daß ein Satz für alle Zahlen $n$ einer Kette $m_0$ gilt, genügt es zu zeigen,

$\varrho$. daß er für $n = m$ gilt, und

$\sigma$. daß aus der Gültigkeit des Satzes für eine Zahl $n$ der Kette $m_0$ stets seine Gültigkeit auch für die folgende Zahl $n'$ folgt.

Dies ergibt sich unmittelbar aus dem allgemeineren Satze 59 oder 60. Am häufigsten wird der Fall auftreten, wo $m = 1$, also $m_0$ die volle Zahlenreihe $N$ ist.

## § 7

### Größere und kleinere Zahlen

81. Satz. Jede Zahl $n$ ist verschieden von der auf sie folgenden Zahl $n'$.

Beweis durch vollständige Induktion (80). Denn

$\varrho$. der Satz ist wahr für die Zahl $n = 1$, weil sie nicht in $N'$ enthalten ist (71), während die folgende Zahl $1'$ als Bild der in $N$ enthaltenen Zahl 1 Element von $N'$ ist.

$\sigma$. Ist der Satz wahr für eine Zahl $n$, und setzt man die folgende Zahl $n' = p$, so ist $n$ verschieden von $p$, woraus nach 26 wegen der Ähnlichkeit (71) der ordnenden Abbildung $\varphi$ folgt, daß $n'$, also $p$ verschieden von $p'$ ist. Mithin gilt der Satz auch für die auf $n$ folgende Zahl $p$, w. z. b. w.

82. Satz. In der Bildkette $n_0'$ einer Zahl $n$ ist zwar (nach 74, 75) deren Bild $n'$, nicht aber die Zahl $n$ selbst enthalten.

Beweis durch vollständige Induktion (80). Denn

$\varrho$. der Satz ist wahr für $n = 1$, weil $1_0' = N'$, und weil nach 71 die Grundzahl 1 nicht in $N'$ enthalten ist.

$\sigma$. Ist der Satz wahr für eine Zahl $n$, und setzt man wieder $n' = p$, so ist $n$ nicht in $p_0$ enthalten, also verschieden von jeder in $p_0$ enthaltenen Zahl $q$, woraus wegen der Ähnlichkeit von $\varphi$ folgt, daß $n'$, also $p$ verschieden von jeder in $p_0'$ enthaltenen Zahl $q'$, also nicht in $p_0'$ enthalten ist. Mithin gilt der Satz auch für die auf $n$ folgende Zahl $p$, w. z. b. w.

83. Satz. Die Bildkette $n_0'$ ist echter Teil der Kette $n_0$.

Der Beweis folgt aus 76, 74, 82.

84. Satz. Aus $m_0 = n_0$ folgt $m = n$.

Beweis. Da (nach 74) $m$ in $m_0$ enthalten, und

$$m_0 = n_0 = \mathfrak{M}\,(n, n_0').$$

ist (77), so müßte, wenn der Satz falsch, also $m$ verschieden von $n$ wäre, $m$ in der Kette $n_0'$ enthalten, folglich nach 74 auch $m_0 \, 3 \, n_0'$, d. h. $n_0 \, 3 \, n_0'$ sein; da dies dem Satze 83 widerspricht, so ist unser Satz bewiesen.

85. Satz. Wenn die Zahl $n$ nicht in der Zahlenkette $K$ enthalten ist, so ist $K \, 3 \, n_0'$.

Beweis durch vollständige Induktion (80). Denn

$\varrho$. der Satz ist nach 78 wahr für $n = 1$.

$\sigma$. Ist der Satz wahr für eine Zahl $n$, so gilt er auch für die folgende Zahl $p = n'$; denn wenn $p$ in der Zahlenkette $K$ nicht enthalten ist, so kann nach 40 auch $n$ nicht in $K$ enthalten sein, und folglich ist nach unserer Annahme $K \, 3 \, n_0'$; da nun (nach 77) $n_0' = p_0 = \mathfrak{M}\,(p, p_0')$, also $K \, 3 \, \mathfrak{M}\,(p, p_0')$, und $p$ nicht in $K$ enthalten ist, so muß $K \, 3 \, p_0'$ sein, w. z. b. w.

86. Satz. Wenn die Zahl $n$ nicht in der Zahlenkette $K$ enthalten ist, wohl aber ihr Bild $n'$, so ist $K = n_0'$.

Beweis. Da $n$ nicht in $K$ enthalten ist, so ist (nach 85) $K \, 3 \, n_0'$, und da $n' \, 3 \, K$, so ist nach 47 auch $n_0' \, 3 \, K$, folglich $K = n_0'$, w. z. b. w.

87. Satz. In jeder Zahlenkette $K$ gibt es eine und (nach 84) nur eine Zahl $k$, deren Kette $k_0 = K$ ist.

Beweis. Ist die Grundzahl 1 in $K$ enthalten, so ist (nach 79) $K = N = 1_0$. Im entgegengesetzten Falle sei $Z$ das System aller nicht in $K$ enthaltenen Zahlen; da die Grundzahl 1 in $Z$ enthalten, aber $Z$ nur ein echter Teil der Zahlenreihe $N$ ist, so kann (nach 79) $Z$ keine Kette, d. h. $Z'$ kann nicht Teil von $Z$ sein; es gibt daher in $Z$ eine Zahl $n$, deren Bild $n'$ nicht in $Z$, also gewiß in $K$ enthalten ist; da ferner $n$ in $Z$, also nicht in $K$ enthalten ist, so ist (nach 86) $K = n_0'$, also $k = n'$, w. z. b. w.

88. Satz. Sind $m, n$ verschiedene Zahlen, so ist eine und (nach 83, 84) nur eine der Ketten $m_0$, $n_0$ echter Teil der anderen, und zwar ist entweder $n_0 \, 3 \, m_0'$ oder $m_0 \, 3 \, n_0'$.

Beweis. Ist $n$ in $m_0$ enthalten, also nach 74 auch $n_0 \mathbf{3} m_0$, so kann $m$ nicht in der Kette $n_0$ enthalten sein (weil sonst nach 74 auch $m_0 \mathbf{3} n_0$, also $m_0 = n_0$, mithin nach 84 auch $m = n$ wäre), und hieraus folgt nach 85, daß $n_0 \mathbf{3} m_0'$ ist. Im entgegengesetzten Falle, wenn $n$ nicht in der Kette $m_0$ enthalten ist, muß (nach 85) $m_0 \mathbf{3} n_0'$ sein, w. z. b. w.

89. **Erklärung.** Die Zahl $m$ heißt **kleiner** als die Zahl $n$, und zugleich heißt $n$ **größer** als $m$, in Zeichen

$$m < n \quad \text{und} \quad n > m,$$

wenn die Bedingung

$$n_0 \mathbf{3} m_0'$$

erfüllt ist, welche nach 74 auch durch

$$n \mathbf{3} m_0'$$

ausgedrückt werden kann.

90. **Satz.** Sind $m$, $n$ irgendwelche Zahlen, so findet immer einer und nur einer der folgenden Fälle $\lambda$, $\mu$, $\nu$ statt:

$$\lambda. \ m = n, \quad n = m, \quad \text{d. h. } m_0 = n_0,$$
$$\mu. \ m < n, \quad n > m, \quad \text{d. h. } n_0 \mathbf{3} m_0',$$
$$\nu. \ m > n, \quad n < m, \quad \text{d. h. } m_0 \mathbf{3} n_0'.$$

Beweis. Denn wenn $\lambda$ stattfindet (84), so kann weder $\mu$ noch $\nu$ eintreten, weil nach 83 niemals $n_0 \mathbf{3} n_0'$ ist. Wenn aber $\lambda$ nicht stattfindet, so tritt nach 88 einer und nur einer der Fälle $\mu$, $\nu$ ein, w. z. b. w.

91. **Satz.** Es ist $n < n'$.

Beweis. Denn die Bedingung für den Fall $\nu$ in 90 wird durch $m = n'$ erfüllt..

92. **Erklärung.** Um auszudrücken, daß $m$ entweder $= n$ oder $< n$, also nicht $> n$ ist (90), bedient man sich der Bezeichnung

$$m \leqq n \quad \text{oder auch} \quad n \geqq m,$$

und man sagt, $m$ sei **höchstens gleich** $n$, und $n$ sei **mindestens gleich** $m$.

93. **Satz.** Jede der Bedingungen

$$m \leqq n, \quad m < n', \quad n_0 \mathbf{3} m_0$$

ist gleichwertig mit jeder der anderen.

Beweis. Denn wenn $m \leqq n$, so folgt aus $\lambda$, $\mu$ in 90 immer $n_0 \mathbf{3} m_0$, weil (nach 76) $m_0' \mathbf{3} m_0$ ist. Umgekehrt, wenn $n_0 \mathbf{3} m_0$, also nach 74 auch $n\,3\,m_0$ ist, so folgt aus $m_0 = \mathfrak{M}(m, m_0')$, daß entweder $n = m$ oder $n\,3\,m_0'$, d. h. $n > m$ ist. Mithin ist die Bedingung $m \leqq n$ gleichwertig mit $n_0\,3\,m_0$. Außerdem folgt aus 22, 27, 75, daß diese Bedingung $n_0\,3\,m_0$ wieder gleichwertig mit $n_0'\,3\,m_0'$, d. h. (nach $\mu$ in 90) mit $m < n'$ ist, w. z. b. w.

94. Satz. Jede der Bedingungen

$$m' \leqq n, \quad m' < n', \quad m < n$$

ist gleichwertig mit jeder der anderen.

Der Beweis folgt unmittelbar aus 93, wenn man dort $m$ durch $m'$ ersetzt, und aus $\mu$ in 90.

95. Satz. Wenn $l < m$ und $m \leqq n$, oder wenn $l \leqq m$ und $m < n$, so ist $l < n$. Wenn aber $l \leqq m$ und $m \leqq n$, so ist $l \leqq n$.

Beweis. Denn aus den (nach 89, 93) entsprechenden Bedingungen $m_0\,3\,l_0'$ und $n_0\,3\,m_0$ folgt (nach 7) $n_0\,3\,l_0'$, und dasselbe folgt auch aus den Bedingungen $m_0\,3\,l_0$ und $n_0\,3\,m_0'$, weil zufolge der ersteren auch $m_0'\,3\,l_0'$ ist. Endlich folgt aus $m_0\,3\,l_0$ und $n_0\,3\,m_0$ auch $n_0\,3\,l_0$, w. z. b. w.

96. Satz. In jedem Teile $T$ von $N$ gibt es eine und nur eine kleinste Zahl $k$, d. h. eine Zahl $k$, welche kleiner ist als jede andere in $T$ enthaltene Zahl. Besteht $T$ aus einer einzigen Zahl, so ist dieselbe auch die kleinste Zahl in $T$.

Beweis. Da $T_0$ eine Kette ist (44), so gibt es nach 87 eine Zahl $k$, deren Kette $k_0 = T_0$ ist. Da hieraus (nach 45, 77) $T\,3\,\mathfrak{M}(k, k_0')$ folgt, so muß zunächst $k$ selbst in $T$ enthalten sein (weil sonst $T\,3\,k_0'$, also nach 47 auch $T_0\,3\,k_0'$, d. h. $k_0\,3\,k_0'$ wäre, was nach 83 unmöglich ist), und außerdem muß jede von $k$ verschiedene Zahl des Systems $T$ in $k_0'$ enthalten, d. h. $> k$ sein (89), woraus zugleich nach 90 folgt, daß es nur eine einzige kleinste Zahl in $T$ gibt, w. z. b. w.

97. Satz. Die kleinste Zahl der Kette $n_0$ ist $n$, und die Grundzahl 1 ist die kleinste aller Zahlen.

Beweis. Denn nach 74, 93 ist die Bedingung $m\,3\,n_0$ gleichwertig mit $m \geqq n$. Oder es folgt unser Satz auch unmittelbar aus dem Beweise des vorhergehenden Satzes, weil, wenn daselbst $T = n_0$ angenommen wird, offenbar $k = n$ wird (51).

98. **Erklärung.** Ist $n$ irgendeine Zahl, so wollen wir mit $Z_n$ das System aller Zahlen bezeichnen, welche **nicht größer als** $n$, also **nicht in** $n_0'$ enthalten sind. Die Bedingung

$$m \, 3 \, Z_n$$

ist nach 92, 93 offenbar gleichwertig mit jeder der folgenden Bedingungen:

$$m \leqq n, \quad m < n', \quad n_0 \, 3 \, m_0.$$

99. **Satz.** Es ist $1 \, 3 \, Z_n$ und $n \, 3 \, Z_n$.

Der Beweis folgt aus 98 oder auch aus 71 und 82.

100. **Satz.** Jede der nach 98 gleichwertigen Bedingungen

$$m \, 3 \, Z_n, \quad m \leqq n, \quad m < n', \quad n_0 \, 3 \, m_0$$

ist auch gleichwertig mit der Bedingung

$$Z_m \, 3 \, Z_n.$$

**Beweis.** Denn wenn $m \, 3 \, Z_n$, also $m \leqq n$, und wenn $l \, 3 \, Z_m$, also $l \leqq m$, so ist nach 95 auch $l \leqq n$, d. h. $l \, 3 \, Z_n$; wenn also $m \, 3 \, Z_n$, so ist jedes Element $l$ des Systems $Z_m$ auch Element von $Z_n$, d. h. $Z_m \, 3 \, Z_n$. Umgekehrt, wenn $Z_m \, 3 \, Z_n$, so muß nach 7 auch $m \, 3 \, Z_n$ sein, weil (nach 99) $m \, 3 \, Z_m$ ist, w. z. b. w.

101. **Satz.** Die Bedingungen für die Fälle $\lambda$, $\mu$, $\nu$ in 90 lassen sich auch in folgender Weise darstellen:

$$\lambda. \quad m = n, \quad n = m, \quad Z_m = Z_n;$$
$$\mu. \quad m < n, \quad n > m, \quad Z_{m'} \, 3 \, Z_n,$$
$$\nu. \quad m > n, \quad n < m, \quad Z_{n'} \, 3 \, Z_m.$$

Der Beweis folgt unmittelbar aus 90, wenn man bedenkt, daß nach 100 die Bedingungen $n_0 \, 3 \, m_0$ und $Z_m \, 3 \, Z_n$ gleichwertig sind.

102. **Satz.** Es ist $Z_1 = 1$.

**Beweis.** Denn die Grundzahl 1 ist nach 99 in $Z_1$ enthalten, und jede von 1 verschiedene Zahl ist nach 78 in $1_0'$, also nach 98 nicht in $Z_1$ enthalten, w. z. b. w.

103. **Satz.** Zufolge 98 ist $N = \mathfrak{M}\,(Z_n, n_0')$.

104. **Satz.** Es ist $n = \mathfrak{G}\,(Z_n, n_0)$, d. h. $n$ ist das einzige gemeinsame Element der Systeme $Z_n$ und $n_0$.

**Beweis.** Aus 99 und 74 folgt, daß $n$ in $Z_n$ und $n_0$ enthalten ist; aber jedes von $n$ verschiedene Element der Kette $n_0$ ist nach 77 in $n_0'$, also nach 98 nicht in $Z_n$ enthalten, w. z. b. w.

105. **Satz.** Zufolge 91, 98 ist die Zahl $n'$ nicht in $Z_n$ enthalten.

106. Satz. Ist $m < n$, so ist $Z_m$ echter Teil von $Z_n$, und umgekehrt.

Beweis. Wenn $m < n$, so ist (nach 100) $Z_m \, 3 \, Z_n$, und da die nach 99 in $Z_n$ enthaltene Zahl $n$ nach 98 nicht in $Z_m$ enthalten sein kann, weil $n > m$ ist, so ist $Z_m$ echter Teil von $Z_n$. Umgekehrt, wenn $Z_m$ echter Teil von $Z_n$, so ist (nach 100) $m \leqq n$, und da $m$ nicht $= n$ sein kann, weil sonst auch $Z_m = Z_n$ wäre, so muß $m < n$ sein, w. z. b. w.

107. Satz. $Z_n$ ist echter Teil von $Z_{n'}$.

Der Beweis folgt aus 106, weil (nach 91) $n < n'$ ist.

108. Satz. $Z_{n'} = \mathfrak{M}(Z_n, n')$.

Beweis. Denn jede in $Z_{n'}$ enthaltene Zahl ist (nach 98) $\leqq n'$, also entweder $= n'$ oder $< n'$, und folglich nach 98 Element von $Z_n$; mithin ist gewiß $Z_{n'} \, 3 \, \mathfrak{M}(Z_n, n')$. Da umgekehrt (nach 107) $Z_n \, 3 \, Z_{n'}$ und (nach 99) $n' \, 3 \, Z_{n'}$ ist, so folgt (nach 10)

$$\mathfrak{M}(Z_n, \, n') \, 3 \, Z_{n'},$$

woraus sich unser Satz nach 5 ergibt.

109. Satz. Das Bild $Z_n'$ des Systems $Z_n$ ist echter Teil des Systems $Z_{n'}$.

Beweis. Denn jede in $Z_n'$ enthaltene Zahl ist das Bild $m'$ einer in $Z_n$ enthaltenen Zahl $m$, und da $m \leqq n$, also (nach 94) $m' \leqq n'$, so folgt (nach 98) $Z_n' \, 3 \, Z_{n'}$. Da ferner die Zahl 1 nach 99 in $Z_{n'}$, aber nach 71 nicht in dem Bilde $Z_n'$ enthalten sein kann, so ist $Z_n'$ echter Teil von $Z_{n'}$, w. z. b. w.

110. Satz. $Z_{n'} = \mathfrak{M}(1, Z_n')$.

Beweis. Jede von 1 verschiedene Zahl des Systems $Z_{n'}$ ist nach 78 das Bild $m'$ einer Zahl $m$, und diese muß $\leqq n$, also nach 98 in $Z_n$ enthalten sein (weil sonst $m > n$, also nach 94 auch $m' > n'$, mithin $m'$ nach 98 nicht in $Z_{n'}$ enthalten wäre); aus $m \, 3 \, Z_n$ folgt aber $m' \, 3 \, Z_n'$, und folglich ist gewiß

$$Z_{n'} \, 3 \, \mathfrak{M}(1, Z_n').$$

Da umgekehrt (nach 99) $1 \, 3 \, Z_n$ und (nach 109) $Z_n' \, 3 \, Z_{n'}$, so folgt (nach 10) $\mathfrak{M}(1, Z_n') \, 3 \, Z_{n'}$, und hieraus ergibt sich unser Satz nach 5.

111. Erklärung. Wenn es in einem System $E$ von Zahlen ein Element $g$ gibt, welches größer als jede andere in $E$ enthaltene Zahl ist, so heißt $g$ die größte Zahl des Systems $E$, und offenbar kann es nach 90 nur eine solche größte Zahl in $E$ geben. Besteht

ein System aus einer einzigen Zahl, so ist diese selbst die größte Zahl des Systems.

112. Satz. Zufolge 98 ist $n$ die größte Zahl des Systems $Z_n$.

113. Satz. Gibt es in $E$ eine größte Zahl $g$, so ist $E \, \mathfrak{Z} \, Z_g$.

Beweis. Denn jede in $E$ enthaltene Zahl ist $\leqq g$, mithin nach 98 in $Z_g$ enthalten, w. z. b. w.

114. Satz. Ist $E$ Teil eines Systems $Z_n$, oder gibt es, was dasselbe sagt, eine Zahl $n$ von der Art, daß alle in $E$ enthaltenen Zahlen $\leqq n$ sind, so besitzt $E$ eine größte Zahl $g$.

Beweis. Das System aller Zahlen $p$, welche der Bedingung $E \, \mathfrak{Z} \, Z_p$ genügen — und nach unserer Annahme gibt es solche —, ist eine Kette (37), weil nach 107, 7 auch $E \, \mathfrak{Z} \, Z_{p'}$ folgt, und ist daher (nach 87) $= g_0$, wo $g$ die kleinste dieser Zahlen bedeutet (96, 97). Es ist daher auch $E \, \mathfrak{Z} \, Z_g$, folglich (98) ist jede in $E$ enthaltene Zahl $\leqq g$, und wir haben nur noch zu zeigen, daß die Zahl $g$ selbst in $E$ enthalten ist. Dies leuchtet unmittelbar ein, wenn $g = 1$ ist, weil dann (nach 102) $Z_g$ und folglich auch $E$ aus der einzigen Zahl 1 besteht. Ist aber $g$ von 1 verschieden und folglich nach 78 das Bild $f'$ einer Zahl $f$, so ist (nach 108) $E \, \mathfrak{Z} \, \mathfrak{M}(Z_f, g)$; wäre nun $g$ nicht in $E$ enthalten, so müßte $E \, \mathfrak{Z} \, Z_f$ sein, und es gäbe daher unter den Zahlen $p$ eine Zahl $f$, welche (nach 91) $< g$ ist, was dem Obigen widerspricht; mithin ist $g$ in $E$ enthalten, w. z. b. w.

115. Erklärung. Ist $l < m$ und $m < n$, so sagen wir, die Zahl $m$ liege zwischen $l$ und $n$ (auch zwischen $n$ und $l$).

116. Satz. Es gibt keine Zahl, die zwischen $n$ und $n'$ liegt.

Beweis. Denn sobald $m < n'$, also (nach 93) $m \leqq n$ ist, so kann nach 90 nicht $n < m$ sein, w. z. b. w.

117. Satz. Ist $t$ eine Zahl in $T$, aber nicht die kleinste (96), so gibt es in $T$ eine und nur eine nächst kleinere Zahl $s$, d. h. eine Zahl $s$ von der Art, daß $s < t$, und daß es in $T$ keine zwischen $s$ und $t$ liegende Zahl gibt. Ebenso gibt es, wenn nicht etwa $t$ die größte Zahl in $T$ ist (111), in $T$ immer eine und nur eine nächst größere Zahl $u$, d. h. eine Zahl $u$ von der Art, daß $t < u$, und daß es in $T$ keine zwischen $t$ und $u$ liegende Zahl gibt. Zugleich ist $t$ in $T$ nächst größer als $s$ und nächst kleiner als $u$.

Beweis. Wenn $t$ nicht die kleinste Zahl in $T$ ist, so sei $E$ das System aller derjenigen Zahlen von $T$, welche $< t$ sind; dann ist (nach 98) $E\,3\,Z_t$, und folglich (114) gibt es in $E$ eine größte Zahl $s$, welche offenbar die im Satze angegebenen Eigenschaften besitzt und auch die einzige solche Zahl ist. Wenn ferner $t$ nicht die größte Zahl in $T$ ist, so gibt es nach 96 unter allen den Zahlen von $T$, welche $> t$ sind, gewiß eine kleinste $u$, welche, und zwar allein, die im Satze angegebenen Eigenschaften besitzt. Ebenso leuchtet die Richtigkeit der Schlußbemerkung des Satzes ein.

**118. Satz.** In $N$ ist die Zahl $n'$ nächst größer als $n$, und $n$ nächst kleiner als $n'$.

Der Beweis folgt aus 116, 117.

§ 8

**Endliche und unendliche Teile der Zahlenreihe**

**119. Satz.** Jedes System $Z_n$ in 98 ist endlich.

Beweis durch vollständige Induktion (80). Denn

$\varrho$. der Satz ist wahr für $n = 1$ zufolge 65, 102.

$\sigma$. Ist $Z_n$ endlich, so folgt aus 108 und 70, daß auch $Z_{n'}$ endlich ist, w. z. b. w.

**120. Satz.** Sind $m$, $n$ verschiedene Zahlen, so sind $Z_m$, $Z_n$ unähnliche Systeme.

**Beweis.** Der Symmetrie wegen dürfen wir nach 90 annehmen, es sei $m < n$; dann ist $Z_m$ nach 106 echter Teil von $Z_n$, und da $Z_n$ nach 119 endlich ist, so können (nach 64) $Z_m$ und $Z_n$ nicht ähnlich sein, w. z. b. w.

**121. Satz.** Jeder Teil $E$ der Zahlenreihe $N$, welcher eine größte Zahl besitzt (111), ist endlich.

Der Beweis folgt aus 113, 119, 68.

**122. Satz.** Jeder Teil $U$ der Zahlenreihe $N$, welcher keine größte Zahl besitzt, ist einfach unendlich (71).

**Beweis.** Ist $u$ irgendeine Zahl in $U$, so gibt es nach 117 in $U$ eine und nur eine nächst größere Zahl als $u$, die wir mit $\psi(u)$ bezeichnen und als Bild von $u$ ansehen wollen. Die hierdurch vollständig bestimmte Abbildung $\psi$ des Systems $U$ hat offenbar die Eigenschaft

$$\alpha. \quad \psi(U)\,3\,U,$$

d. h. $U$ wird durch $\psi$ in sich selbst abgebildet. Sind ferner $u$, $v$ verschiedene Zahlen in $U$, so dürfen wir der Symmetrie wegen nach 90 annehmen, es sei $u < v$; dann folgt nach 117 aus der Definition von $\psi$, daß $\psi(u) \leqq v$ und $v < \psi(v)$, also (nach 95) $\psi(u) < \psi(v)$ ist; mithin sind nach 90 die Bilder $\psi(u)$, $\psi(v)$ verschieden, d. h.

$\delta$. die Abbildung $\psi$ ist ähnlich.

Bedeutet ferner $u_1$ die kleinste Zahl (96) des Systems $U$, so ist jede in $U$ enthaltene Zahl $u \geqq u_1$, und da allgemein $u < \psi(u)$, so ist (nach 95) $u_1 < \psi(u)$, also ist $u_1$ nach 90 verschieden von $\psi(u)$, d. h.

$\gamma$. das Element $u_1$ von $U$ ist nicht in $\psi(U)$ enthalten.

Mithin ist $\psi(U)$ ein echter Teil von $U$, und folglich ist $U$ nach 64 ein unendliches System. Bezeichnen wir nun in Übereinstimmung mit 44, wenn $V$ irgendein Teil von $U$ ist, mit $\psi_0(V)$ die der Abbildung $\psi$ entsprechende Kette von $V$, so wollen wir endlich noch zeigen, daß

$$\beta.\quad U = \psi_0(u_1)$$

ist. In der Tat, da jede solche Kette $\psi_0(V)$ zufolge ihrer Definition (44) ein Teil des durch $\psi$ in sich selbst abgebildeten Systems $U$ ist, so ist selbstverständlich $\psi_0(u_1) \, 3 \, U$; umgekehrt leuchtet aus 45 zunächst ein, daß das in $U$ enthaltene Element $u_1$ gewiß in $\psi_0(u_1)$ enthalten ist; nehmen wir aber an, es gäbe Elemente von $U$, die nicht in $\psi_0(u_1)$ enthalten sind, so muß es unter ihnen nach 96 eine kleinste Zahl $w$ geben, und da dieselbe nach dem eben Gesagten verschieden von der kleinsten Zahl $u_1$ des Systems $U$ ist, so muß es nach 117 in $U$ auch eine Zahl $v$ geben, welche nächst kleiner als $w$ ist, woraus zugleich folgt, daß $w = \psi(v)$ ist; da nun $v < w$, so muß $v$ zufolge der Definition von $w$ gewiß in $\psi_0(u_1)$ enthalten sein; hieraus folgt aber nach 55, daß auch $\psi(v)$, also $w$ in $\psi_0(u_1)$ enthalten sein muß, und da dies im Widerspruch mit der Definition von $w$ steht, so ist unsere obige Annahme unzulässig; mithin ist $U \, 3 \cdot \psi_0(u_1)$ und folglich auch $U = \psi_0(u_1)$, wie behauptet war. Aus $\alpha$, $\beta$, $\gamma$, $\delta$ geht nun nach 71 hervor, daß $U$ ein durch $\psi$ geordnetes einfach unendliches System ist, w. z. b. w.

123. Satz. Zufolge 121, 122 ist irgendein Teil $T$ der Zahlenreihe $N$ endlich oder einfach unendlich, je nachdem es in $T$ eine größte Zahl gibt oder nicht gibt.

## § 9

### Definition einer Abbildung der Zahlenreihe durch Induktion

**124.** Wir bezeichnen auch im folgenden mit kleinen lateinischen Buchstaben Zahlen und behalten überhaupt alle Bezeichnungen der vorhergehenden § 6 bis 8 bei, während $\Omega$ ein beliebiges System bedeutet, dessen Elemente nicht notwendig in $N$ enthalten zu sein brauchen.

**125. Satz.** Ist eine beliebige (ähnliche oder unähnliche) Abbildung $\theta$ eines Systems $\Omega$ in sich selbst, und außerdem ein bestimmtes Element $\omega$ in $\Omega$ gegeben, so entspricht jeder Zahl $n$ eine und nur eine Abbildung $\psi_n$ des zugehörigen, in 98 erklärten Zahlensystems $Z_n$, welche den Bedingungen*)

I. $\psi_n(Z_n) \,\mathbf{3}\, \Omega$,

II. $\psi_n(1) = \omega$,

III. $\psi_n(t') = \theta\,\psi_n(t)$, wenn $t < n$, genügt, wo das Zeichen $\theta\,\psi_n$ die in 25 angegebene Bedeutung hat.

Beweis durch vollständige Induktion (80). Denn

$\varrho$. der Satz ist wahr für $n = 1$. In diesem Falle besteht nämlich nach 102 das System $Z_n$ aus der einzigen Zahl 1, und die Abbildung $\psi_1$ ist daher schon durch II vollständig und so definiert, daß I erfüllt ist, während III gänzlich wegfällt.

$\sigma$. Ist der Satz wahr für eine Zahl $n$, so zeigen wir, daß er auch für die folgende Zahl $p = n'$ gilt, und zwar beginnen wir mit dem Nachweise, daß es nur eine einzige entsprechende Abbildung $\psi_p$ des Systems $Z_p$ geben kann. In der Tat, genügt eine Abbildung $\psi_p$ den Bedingungen

I'. $\psi_p(Z_p) \,\mathbf{3}\, \Omega$,

II'. $\psi_p(1) = \omega$,

III'. $\psi_p(m') = \theta\,\psi_p(m)$, wenn $m < p$, so ist in ihr nach 21, weil $Z_n \,\mathbf{3}\, Z_p$ ist (107), auch eine Abbildung von $Z_n$ enthalten, welche offenbar denselben Bedingungen I, II, III genügt wie $\psi_n$ und folglich mit $\psi_n$ gänzlich übereinstimmt; für alle in $Z_n$ enthaltenen, also (98) für alle Zahlen $m$, die $< p$, d. h. $\leqq n$ sind, muß daher

$$\psi_p(m) = \psi_n(m) \tag{m}$$

---

*) Der Deutlichkeit wegen habe ich hier und im folgenden Satze 126 die Bedingung I besonders angeführt, obwohl sie eigentlich schon eine Folge von II und III ist.

sein, woraus als besonderer Fall auch

$$\psi_p(n) = \psi_n(n) \qquad\qquad (n)$$

folgt; da ferner $p$ nach 105, 108 die einzige nicht in $Z_n$ enthaltene Zahl des Systems $Z_p$ ist, und da nach III' und $(n)$ auch

$$\psi_p(p) = \theta\,\psi_n(n) \qquad\qquad (p)$$

sein muß, so ergibt sich die Richtigkeit unserer obigen Behauptung, daß es nur eine einzige, den Bedingungen I', II', III' genügende Abbildung $\psi_p$ des Systems $Z_p$ geben kann, weil $\psi_p$ durch die eben abgeleiteten Bedingungen $(m)$ und $(p)$ vollständig auf $\psi_n$ zurückgeführt ist. Wir haben nun zu zeigen, daß umgekehrt diese durch $(m)$ und $(p)$ vollständig bestimmte Abbildung $\psi_p$ des Systems $Z_p$ wirklich den Bedingungen I', II', III' genügt. Offenbar ergibt sich I' aus $(m)$ und $(p)$ mit Rücksicht auf I und darauf, daß $\theta(\varOmega)\,3\,\varOmega$ ist. Ebenso folgt II' aus $(m)$ und II, weil die Zahl 1 nach 99 in $Z_n$ enthalten ist. Die Richtigkeit von III' folgt zunächst für diejenigen Zahlen $m$, welche $< n$ sind, aus $(m)$ und III, und für die einzige noch übrige Zahl $m = n$ ergibt sie sich aus $(p)$ und $(n)$. Hiermit ist vollständig dargetan, daß aus der Gültigkeit unseres Satzes für die Zahl $n$ immer auch seine Gültigkeit für die folgende Zahl $p$ folgt, w. z. b. w.

126. **Satz der Definition durch Induktion.** Ist eine beliebige (ähnliche oder unähnliche) Abbildung $\theta$ eines Systems $\varOmega$ in sich selbst und außerdem ein bestimmtes Element $\omega$ in $\varOmega$ gegeben, so gibt es eine und nur eine Abbildung $\psi$ der Zahlenreihe $N$, welche den Bedingungen

I. $\psi(N)\,3\,\varOmega$,

II. $\psi(1) = \omega$,

III. $\psi(n') = \theta\,\psi(n)$ genügt, wo $n$ jede Zahl bedeutet.

**Beweis.** Da, wenn es wirklich eine solche Abbildung $\psi$ gibt, in ihr nach 21 auch eine Abbildung $\psi_n$ des Systems $Z_n$ enthalten ist, welche den in 125 angegebenen Bedingungen I, II, III genügt, so muß, weil es stets eine und nur eine solche Abbildung $\psi_n$ gibt, notwendig

$$\psi(n) = \psi_n(n) \qquad\qquad (n)$$

sein. Da hierdurch $\psi$ vollständig bestimmt ist, so folgt, daß es auch nur eine einzige solche Abbildung $\psi$ geben kann (vgl. den Schluß von 130). Daß umgekehrt die durch $(n)$ bestimmte Abbildung $\psi$ auch unseren Bedingungen I, II, III genügt, folgt mit Leichtigkeit aus $(n)$

unter Berücksichtigung der in 125 bewiesenen Eigenschaften I, II und $(p)$, w. z. b. w.

127. Satz. Unter den im vorhergehenden Satze gemachten Voraussetzungen ist

$$\psi(T') = \theta\,\psi(T),$$

wo $T$ irgendeinen Teil der Zahlenreihe $N$ bedeutet.

Beweis. Denn wenn $t$ jede Zahl des Systems $T$ bedeutet, so besteht $\psi(T')$ aus allen Elementen $\psi(t')$, und $\theta\,\psi(T)$ aus allen Elementen $\theta\,\psi(t)$; hieraus folgt unser Satz, weil (nach III in 126) $\psi(t') = \theta\,\psi(t)$ ist.

128. Satz. Behält man dieselben Voraussetzungen bei und bezeichnet man mit $\theta_0$ die Ketten (44), welche der Abbildung $\theta$ des Systems $\Omega$ in sich selbst entsprechen, so ist

$$\psi(N) = \theta_0(\omega).$$

Beweis. Wir zeigen zunächst durch vollständige Induktion (80), daß

$$\psi(N) \,3\, \theta_0(\omega),$$

d. h. daß jedes Bild $\psi(n)$ auch Element von $\theta_0(\omega)$ ist. In der Tat,

$\varrho$. dieser Satz ist wahr für $n = 1$, weil (nach 126. II) $\psi(1) = \omega$, und weil (nach 45) $\omega \,3\, \theta_0(\omega)$ ist.

$\sigma$. Ist der Satz wahr für eine Zahl $n$, ist also $\psi(n) \,3\, \theta_0(\omega)$, so ist nach 55 auch $\theta(\psi(n)) \,3\, \theta_0(\omega)$, d. h. (nach 126. III) $\psi(n') \,3\, \theta_0(\omega)$, also gilt der Satz auch für die folgende Zahl $n'$, w. z. b. w.

Um ferner zu beweisen, daß jedes Element $\nu$ der Kette $\theta_0(\omega)$ in $\psi(N)$ enthalten, daß also

$$\theta_0(\omega) \,3\, \psi(N)$$

ist, wenden wir ebenfalls die vollständige Induktion, nämlich den auf $\Omega$ und die Abbildung $\theta$ übertragenen Satz 59 an. In der Tat,

$\varrho$. das Element $\omega$ ist $= \psi(1)$, also in $\omega(N)$ enthalten.

$\sigma$. Ist $\nu$ ein gemeinsames Element der Kette $\theta_0(\omega)$ und des Systems $\psi(N)$, so ist $\nu = \psi(n)$, wo $n$ eine Zahl bedeutet, und hieraus folgt (nach 126. III) $\theta(\nu) = \theta\,\psi(n) = \psi(n')$, mithin ist auch $\theta(\nu)$ in $\psi(N)$ enthalten, w. z. b. w.

Aus den bewiesenen Sätzen $\psi(N) \,3\, \theta_0(\omega)$ und $\theta_0(\omega) \,3\, \psi(N)$ folgt (nach 5) $\psi(N) = \theta_0(\omega)$, w. z. b. w.

129. Satz. Unter denselben Voraussetzungen ist allgemein

$$\psi(n_0) = \theta_0(\psi(n)).$$

Beweis durch vollständige Induktion 80. Denn

$\varrho$. der Satz gilt zufolge 128 für $n = 1$, weil $1_0 = N$ und $\psi(1) = \omega$ ist.

$\sigma$. Ist der Satz wahr für eine Zahl $n$, so folgt

$$\theta\left(\psi\left(n_0\right)\right) = \theta\left(\theta_0\left(\psi\left(n\right)\right)\right);$$

da nun nach 127, 75

$$\theta\left(\psi\left(n_0\right)\right) = \psi\left(n_0'\right)$$

und nach 57, 126. III

$$\theta\left(\theta_0\left(\psi\left(n\right)\right)\right) = \theta_0\left(\theta\left(\psi\left(n\right)\right)\right) = \theta_0\left(\psi\left(n'\right)\right)$$

ist, so ergibt sich

$$\psi\left(n_0'\right) = \theta_0\left(\psi\left(n'\right)\right),$$

d. h. der Satz gilt auch für die auf $n$ folgende Zahl $n'$, w. z. b. w.

130. **Bemerkung.** Bevor wir zu den wichtigsten Anwendungen des in 126 bewiesenen Satzes der Definition durch Induktion übergehen (§ 10 bis 14), verlohnt es sich der Mühe, auf einen Umstand aufmerksam zu machen, durch welchen sich derselbe von dem in 80, oder vielmehr schon in 59, 60 bewiesenen Satze der Demonstration durch Induktion wesentlich unterscheidet, so nahe auch die Verwandtschaft zwischen jenem und diesem zu sein scheint. Während nämlich der Satz 59 ganz allgemein für jede Kette $A_0$ gilt, wo $A$ irgendein Teil eines durch eine beliebige Abbildung $\varphi$ in sich selbst abgebildeten Systems $S$ ist (§ 4), so verhält es sich ganz anders mit dem Satze 126, welcher nur die Existenz einer widerspruchsfreien (oder eindeutigen) Abbildung $\psi$ des einfach unendlichen Systems $1_0$ behauptet. Wollte man in dem letzteren Satze (unter Beibehaltung der Voraussetzungen über $\Omega$ und $\theta$) an Stelle der Zahlenreihe $1_0$ eine beliebige Kette $A_0$ aus einem solchen System $S$ setzen, und etwa eine Abbildung $\psi$ von $A_0$ in $\Omega$ auf ähnliche Weise wie in 126. II, III dadurch definieren, daß

$\varrho$. jedem Element $a$ von $A$ ein bestimmtes aus $\Omega$ gewähltes Element $\psi(a)$ entsprechen, und

$\sigma$. daß für jedes in $A_0$ enthaltene Element $n$ und dessen Bild $n' = \varphi(n)$ die Bedingung $\psi(n') = \theta\,\psi(n)$ gelten soll,

so würde sehr häufig der Fall eintreten, daß es eine solche Abbildung $\psi$ gar nicht gibt, weil diese Bedingungen $\varrho$, $\sigma$ selbst dann noch in Widerspruch miteinander geraten können, wenn man auch die in $\varrho$ enthaltene Wahlfreiheit von vornherein der Bedingung $\sigma$ gemäß beschränkt. Ein Beispiel wird genügen, um sich hiervon zu überzeugen.

Ist das aus den verschiedenen Elementen $a$ und $b$ bestehende System $S$ durch $\varphi$ so in sich selbst abgebildet, daß $a' = b$, $b' = a$ wird, so ist offenbar $a_0 = b_0 = S$; es sei ferner das aus den verschiedenen Elementen $\alpha$, $\beta$ und $\gamma$ bestehende System $\Omega$ durch $\theta$ so in sich selbst abgebildet, daß $\theta(\alpha) = \beta$, $\theta(\beta) = \gamma$, $\theta(\gamma) = \alpha$ wird; verlangt man nun eine solche Abbildung $\psi$ von $a_0$ in $\Omega$, daß $\psi(a) = \alpha$ und außerdem für jedes in $a_0$ enthaltene Element $n$ immer $\psi(n') = \theta\,\psi(n)$ wird, so stößt man auf einen Widerspruch; denn für $n = a$ ergibt sich $\psi(b) = \theta(\alpha) = \beta$, und hieraus folgt für $n = b$, daß $\psi(a) = \theta(\beta) = \gamma$ sein müßte, während doch $\psi(a) = \alpha$ war.

Gibt es aber eine Abbildung $\psi$ von $A_0$ in $\Omega$, welche den obigen Bedingungen $\varrho$, $\sigma$ ohne Widerspruch genügt, so folgt aus 60 leicht, daß sie vollständig bestimmt ist; denn wenn die Abbildung $\chi$ denselben Bedingungen genügt, so ist allgemein $\chi(n) = \psi(n)$, weil dieser Satz zufolge $\varrho$ für alle in $A$ enthaltenen Elemente $n = a$ gilt, und weil er, wenn er für ein Element $n$ von $A_0$ gilt, zufolge $\sigma$ auch für dessen Bild $n'$ gelten muß.

131. Um die Tragweite unseres Satzes 126 ins Licht zu setzen, wollen wir hier eine Betrachtung einfügen, die auch für andere Untersuchungen, z. B. für die sogenannte Gruppentheorie, nützlich ist.

Wir betrachten ein System $\Omega$, dessen Elemente eine gewisse Verbindung gestatten in der Art, daß aus einem Element $\nu$ durch Einwirkung eines Elementes $\omega$ immer wieder ein bestimmtes Element desselben Systems $\Omega$ entspringt, welches mit $\omega.\nu$ oder $\omega\nu$ bezeichnet werden mag und im allgemeinen von $\nu\omega$ zu unterscheiden ist. Man kann dies auch so auffassen, daß jedem bestimmten Element $\omega$ eine bestimmte, etwa durch $\dot\omega$ zu bezeichnende Abbildung des Systems $\Omega$ in sich selbst entspricht, insofern jedes Element $\nu$ das bestimmte Bild $\dot\omega(\nu) = \omega\nu$ liefert. Wendet man auf dieses System $\Omega$ und dessen Element $\omega$ den Satz 126 an, indem man zugleich die dort mit $\theta$ bezeichnete Abbildung durch $\dot\omega$ ersetzt, so entspricht jeder Zahl $n$ ein bestimmtes, in $\Omega$ enthaltenes Element $\psi(n)$, das jetzt durch das Symbol $\omega^n$ bezeichnet werden mag und bisweilen die $n$-te Potenz von $\omega$ genannt wird; dieser Begriff ist vollständig erklärt durch die ihm auferlegten Bedingungen

$$\text{II.} \quad \omega^1 = \omega,$$

$$\text{III.} \quad \omega^{n'} = \omega\,\omega^n,$$

und seine Existenz ist durch den Beweis des Satzes 126 gesichert.

Ist die obige Verbindung der Elemente außerdem so beschaffen, daß für beliebige Elemente $\mu, \nu, \omega$ stets $\omega(\nu\mu) = (\omega\nu)\mu$ ist, so gelten auch die Sätze

$$\omega^{n'} = \omega^n\,\omega, \qquad \omega^m\,\omega^n = \omega^n\,\omega^m,$$

deren Beweise leicht durch vollständige Induktion (80) zu führen sind und dem Leser überlassen bleiben mögen.

Die vorstehende allgemeine Betrachtung läßt sich unmittelbar auf folgendes Beispiel anwenden. Ist $S$ ein System von beliebigen Elementen, und $\Omega$ das zugehörige System, dessen Elemente die sämtlichen Abbildungen $\nu$ von $S$ in sich selbst sind (36), so lassen diese Elemente sich nach 25 immer zusammensetzen, weil $\nu(S) \,\mathfrak{Z}\, S$ ist, und die aus solchen Abbildungen $\nu$ und $\omega$ zusammengesetzte Abbildung $\omega\nu$ ist selbst wieder Element von $\Omega$. Dann sind auch alle Elemente $\omega^n$ Abbildungen von $S$ in sich selbst, und man sagt, sie entstehen durch Wiederholung der Abbildung $\omega$. Wir wollen nun einen einfachen Zusammenhang hervorheben, der zwischen diesem Begriffe und dem in 44 erklärten Begriffe der Kette $\omega_0(A)$ besteht, wo $A$ wieder irgendeinen Teil von $S$ bedeutet. Bezeichnet man der Kürze halber das durch die Abbildung $\omega^n$ erzeugte Bild $\omega^n(A)$ mit $A_n$, so folgt aus III, 25, daß $\omega(A_n) = A_{n'}$ ist. Hieraus ergibt sich leicht durch vollständige Induktion (80), daß alle diese Systeme $A_n$ Teile der Kette $\omega_0(A)$ sind; denn

$\varrho$. diese Behauptung gilt zufolge 50 für $n = 1$, und

$\sigma$. wenn sie für eine Zahl $n$ gilt, so folgt aus 55 und aus $A_{n'} = \omega(A_n)$, daß sie auch für die folgende $n'$ gilt, w. z. b. w. Da ferner nach 45 auch $A \,\mathfrak{Z}\, \omega_0(A)$ ist, so ergibt sich aus 10, daß auch das aus $A$ und aus allen Bildern $A_n$ zusammengesetzte System $K$ Teil von $\omega_0(A)$ ist. Umgekehrt, da (nach 23) $\omega(K)$ aus $\omega(A) = A_1$ und aus allen Systemen $\omega(A_n) = A_{n'}$, also (nach 78) aus allen Systemen $A_n$ zusammengesetzt ist, welche nach 9 Teile von $K$ sind, so ist (nach 10) $\omega(K)\,\mathfrak{Z}\,K$, d. h. $K$ ist eine Kette (37), und da (nach 9) $A \,\mathfrak{Z}\, K$ ist, so folgt nach 47, daß auch $\omega_0(A)\,\mathfrak{Z}\,K$ ist. Mithin ist $\omega_0(A) = K$, d. h. es besteht folgender Satz: Ist $\omega$ eine Abbildung eines Systems $S$ in sich selbst, und $A$ irgendein Teil von $S$, so ist die der Abbildung $\omega$ entsprechende Kette von $A$ zusammengesetzt aus $A$ und allen durch Wiederholung von $\omega$ entstehenden Bildern $\omega^n(A)$. Wir empfehlen dem Leser, mit dieser Auffassung einer Kette zu den früheren Sätzen 57, 58 zurückzukehren.

## § 10
### Die Klasse der einfach unendlichen Systeme

132. Satz. Alle einfach unendlichen Systeme sind der Zahlenreihe $N$ und folglich (nach 33) auch einander ähnlich.

Beweis. Es sei das einfach unendliche System $\Omega$ durch die Abbildung $\theta$ geordnet (71), und es sei $\omega$ das hierbei auftretende Grundelement von $\Omega$; bezeichnen wir mit $\theta_0$ wieder die der Abbildung $\theta$ entsprechenden Ketten (44), so gilt nach 71 folgendes:

$\alpha$. $\theta(\Omega) \, 3 \, \Omega$.

$\beta$. $\Omega = \theta_0(\omega)$.

$\gamma$. $\omega$ ist nicht in $\theta(\Omega)$ enthalten.

$\delta$. Die Abbildung $\theta$ ist eine ähnliche.

Bedeutet nun $\psi$ die in 126 definierte Abbildung der Zahlenreihe $N$, so folgt aus $\beta$ und 128 zunächst

$$\psi(N) = \Omega,$$

und wir haben daher nach 32 nur noch zu zeigen, daß $\psi$ eine ähnliche Abbildung ist, d. h. (26) daß verschiedenen Zahlen $m$, $n$ auch verschiedene Bilder $\psi(m)$, $\psi(n)$ entsprechen. Der Symmetrie wegen dürfen wir nach 90 annehmen, es sei $m > n$, also $m \, 3 \, n_0'$, und der zu beweisende Satz kommt darauf hinaus, daß $\psi(n)$ nicht in $\psi(n_0')$, also (nach 127) nicht in $\theta \psi(n_0)$ enthalten ist. Dies beweisen wir für jede Zahl $n$ durch vollständige Induktion (80). In der Tat,

$\varrho$. dieser Satz gilt nach $\gamma$ für $n = 1$, weil $\psi(1) = \omega$ und $\psi(1_0) = \psi(N) = \Omega$ ist.

$\sigma$. Ist der Satz wahr für eine Zahl $n$, so gilt er auch für die folgende Zahl $n'$; denn wäre $\psi(n')$, d. h. $\theta \psi(n)$ in $\theta \psi(n_0')$ enthalten, so müßte (nach $\delta$ und 27) auch $\psi(n)$ in $\psi(n_0')$ enthalten sein, während unsere Annahme gerade das Gegenteil besagt, w. z. b. w.

133. Satz. Jedes System, welches einem einfach unendlichen System und folglich (nach 132, 33) auch der Zahlenreihe $N$ ähnlich ist, ist einfach unendlich.

Beweis. Ist $\Omega$ ein der Zahlenreihe $N$ ähnliches System, so gibt es nach 32 eine solche ähnliche Abbildung $\psi$ von $N$, daß

$$\text{I.} \quad \psi(N) = \Omega$$

wird; dann setzen wir

$$\text{II.} \quad \psi(1) = \omega.$$

Bezeichnet man nach 26 mit $\overline{\psi}$ die umgekehrte, ebenfalls ähnliche Abbildung von $\Omega$, so entspricht jedem Elemente $v$ von $\Omega$ eine bestimmte Zahl $\overline{\psi}(v) = n$, nämlich diejenige, deren Bild $\psi(n) = v$ ist. Da nun dieser Zahl $n$ eine bestimmte folgende Zahl $\varphi(n) = n'$, und dieser wieder ein bestimmtes Element $\psi(n')$ in $\Omega$ entspricht, so gehört zu jedem Elemente $v$ des Systems $\Omega$ auch ein bestimmtes Element $\psi(n')$ desselben Systems, das wir als Bild von $v$ mit $\theta(v)$ bezeichnen wollen. Hierdurch ist eine Abbildung $\theta$ von $\Omega$ in sich selbst vollständig bestimmt*), und um unseren Satz zu beweisen, wollen wir zeigen, daß $\Omega$ durch $\theta$ als einfach unendliches System geordnet ist (71), d. h. daß die in dem Beweise von 132 angegebenen Bedingungen $\alpha$, $\beta$, $\gamma$, $\delta$ sämtlich erfüllt sind. Zunächst leuchtet $\alpha$ aus der Definition von $\theta$ unmittelbar ein. Da ferner jeder Zahl $n$ ein Element $v = \psi(n)$ entspricht, für welches $\theta(v) = \psi(n')$ wird, so ist allgemein

$$\text{III.} \quad \psi(n') = \theta\,\psi(n),$$

und hieraus in Verbindung mit I, II, $\alpha$ ergibt sich, daß die Abbildungen $\theta$, $\psi$ alle Bedingungen des Satzes 126 erfüllen; mithin folgt $\beta$ aus 128 und L  Nach 127 und I ist ferner

$$\psi(N') = \theta\,\psi(N) = \theta(\Omega),$$

und hieraus in Verbindung mit II und der Ähnlichkeit der Abbildung $\psi$ folgt $\gamma$, weil sonst $\psi(1)$ in $\psi(N')$, also (nach 27) die Zahl 1 in $N'$ enthalten sein müßte, was (nach 71. $\gamma$) nicht der Fall ist. Wenn endlich $\mu$, $v$ Elemente von $\Omega$, und $m$, $n$ die entsprechenden Zahlen bedeuten, deren Bilder $\psi(m) = \mu$, $\psi(n) = v$ sind, so folgt aus der Annahme $\theta(\mu) = \theta(v)$ nach dem Obigen, daß $\psi(m') = \psi(n')$, hieraus wegen der Ähnlichkeit von $\psi$, $\varphi$, daß $m' = n'$, $m = n$, also auch $\mu = v$ ist; mithin gilt auch $\delta$, w. z. b. w.

134. **Bemerkung.** Zufolge der beiden vorhergehenden Sätze 132, 133 bilden alle einfach unendlichen Systeme eine Klasse im Sinne von 34. Zugleich leuchtet mit Rücksicht auf 71, 73 ein, daß jeder Satz über die Zahlen, d. h. über die Elemente $n$ des durch die Abbildung $\varphi$ geordneten einfach unendlichen Systems $N$, und zwar jeder solche Satz, in welchem von der besonderen Beschaffenheit der Elemente $n$ gänzlich abgesehen wird und nur von solchen Begriffen die Rede ist, die aus der Anordnung $\varphi$ entspringen, ganz

---

*) Offenbar ist $\theta$ die nach 25 aus $\overline{\psi}$, $\varphi$, $\psi$ zusammengesetzte Abbildung $\psi\,\varphi\,\overline{\psi}$.

allgemeine Gültigkeit auch für jedes andere durch eine Abbildung $\theta$ geordnete einfach unendliche System $\Omega$ und dessen Elemente $\nu$ besitzt, und daß die Übertragung von $N$ auf $\Omega$ (z. B. auch die Übersetzung eines arithmetischen Satzes aus einer Sprache in eine andere) durch die in 132, 133 betrachtete Abbildung $\psi$ geschieht, welche jedes Element $n$ von $N$ in ein Element $\nu$ von $\Omega$, nämlich in $\psi(n)$ verwandelt. Dieses Element $\nu$ kann man das $n$-te Element von $\Omega$ nennen, und hiernach ist die Zahl $n$ selbst die $n$-te Zahl der Zahlenreihe $N$. Dieselbe Bedeutung, welche die Abbildung $\varphi$ für die Gesetze im Gebiete $N$ besitzt, insofern jedem Elemente $n$ ein bestimmtes Element $\varphi(n) = n'$ folgt, kommt nach der durch $\psi$ bewirkten Verwandlung der Abbildung $\theta$ zu für dieselben Gesetze im Gebiete $\Omega$, insofern dem durch Verwandlung von $n$ entstandenen Elemente $\nu = \psi(n)$ das durch Verwandlung von $n'$ entstandene Element $\theta(\nu) = \psi(n')$ folgt; man kann daher mit Recht sagen, daß $\varphi$ durch $\psi$ in $\theta$ verwandelt wird, was sich symbolisch durch $\theta = \psi\varphi\bar{\psi}$, $\varphi = \bar{\psi}\theta\psi$ ausdrückt. Durch diese Bemerkungen wird, wie ich glaube, die in 73 aufgestellte Erklärung des Begriffes der Zahlen vollständig gerechtfertigt. Wir gehen nun zu ferneren Anwendungen des Satzes 126 über.

## § 11

### Addition der Zahlen

135. **Erklärung.** Es liegt nahe, die im Satze 126 dargestellte Definition einer Abbildung $\psi$ der Zahlenreihe $N$ oder der durch dieselbe bestimmten **Funktion** $\psi(n)$ auf den Fall anzuwenden, wo das dort mit $\Omega$ bezeichnete System, in welchem das Bild $\psi(N)$ enthalten sein soll, die Zahlenreihe $N$ selbst ist, weil für dieses System $\Omega$ schon eine Abbildung $\theta$ von $\Omega$ in sich selbst vorliegt, nämlich diejenige Abbildung $\varphi$, durch welche $N$ als einfach unendliches System geordnet ist (71, 73). Dann wird also $\Omega = N$, $\theta(n) = \varphi(n) = n'$, mithin

$$\text{I.} \quad \psi(N) \, 3 \, N,$$

und es bleibt, um $\psi$ vollständig zu bestimmen, nur noch übrig, das Element $\omega$ aus $\Omega$, d. h. aus $N$ nach Belieben zu wählen. Nehmen wir $\omega = 1$, so wird $\psi$ offenbar die identische Abbildung (21) von $N$, weil den Bedingungen

$$\psi(1) = 1, \quad \psi(n') = (\psi(n))'$$

allgemein durch $\psi(n) = n$ genügt wird. Soll also eine andere Abbildung $\psi$ von $N$ erzeugt werden, so muß für $\omega$ eine von 1 verschiedene, nach 78 in $N'$ enthaltene Zahl $m'$ gewählt werden, wo $m$ selbst irgendeine Zahl bedeutet; da die Abbildung $\psi$ offenbar von der Wahl dieser Zahl $m$ abhängig ist, so bezeichnen wir das entsprechende Bild $\psi(n)$ einer beliebigen Zahl $n$ durch das Symbol $m + n$ und nennen diese Zahl die **Summe**, welche aus der Zahl $m$ durch **Addition** der Zahl $n$ entsteht, oder kurz die Summe der Zahlen $m$, $n$. Dieselbe ist daher nach 126 vollständig bestimmt durch die Bedingungen*)

$$\text{II.} \quad m + 1 = m',$$
$$\text{III.} \quad m + n' = (m + n)'.$$

136. **Satz.** Es ist $m' + n = m + n'$.

Beweis durch vollständige Induktion (80). Denn

$\varrho$. der Satz ist wahr für $n = 1$, weil (nach 135. II)

$$m' + 1 = (m')' = (m + 1)'$$

und (nach 135. III) $(m + 1)' = m + 1'$ ist.

$\sigma$. Ist der Satz wahr für eine Zahl $n$, und setzt man die folgende Zahl $n' = p$, so ist $m' + n = m + p$, also auch $(m' + n)' = (m + p)'$, woraus (nach 135. III) $m' + p = m + p'$ folgt; mithin gilt der Satz auch für die folgende Zahl $p$, w. z. b. w.

137. **Satz.** Es ist $m' + n = (m + n)'$.

Der Beweis folgt aus 136 und 135. III.

138. **Satz.** Es ist $1 + n = n'$.

Beweis durch vollständige Induktion (80). Denn

$\varrho$. der Satz ist nach 135. II wahr für $n = 1$.

$\sigma$. Gilt der Satz für eine Zahl $n$, und setzt man $n' = p$, so ist $1 + n = p$, also auch $(1 + n)' = p'$, mithin (nach 135. III) $1 + p = p'$, d. h. der Satz gilt auch für die folgende Zahl $p$, w. z. b. w.

139. **Satz.** Es ist $1 + n = n + 1$.

---

*) Die obige, unmittelbar auf den Satz 126 gegründete Erklärung der Addition scheint mir die einfachste zu sein. Mit Zuziehung des in 131 entwickelten Begriffes kann man aber die Summe $m + n$ auch durch $\varphi^n(m)$ oder auch durch $\varphi^m(n)$ definieren, wo $\varphi$ wieder die obige Bedeutung hat. Um die vollständige Übereinstimmung dieser Definitionen mit der obigen zu beweisen, braucht man nach 126 nur zu zeigen, daß, wenn $\varphi^n(m)$ oder $\varphi^m(n)$ mit $\psi(n)$ bezeichnet wird, die Bedingungen $\psi(1) = m'$, $\psi(n') = \varphi\psi(n)$ erfüllt sind, was mit Hilfe der vollständigen Induktion (80) unter Zuziehung von 131 leicht gelingt.

Der Beweis folgt aus 138 und 135. II.

140. Satz. Es ist $m + n = n + m$.

Beweis durch vollständige Induktion (80). Denn

$\varrho$. der Satz ist nach 139 wahr für $n = 1$.

$\sigma$. Gilt der Satz für eine Zahl $n$, so folgt daraus auch $(m + n)'$ $= (n + m)'$, d. h. (nach 135. III) $m + n' = n + m'$, mithin (nach 136) $m + n' = n' + m$; mithin gilt der Satz auch für die folgende Zahl $n'$, w. z. b. w.

141. Satz. Es ist $(l + m) + n = l + (m + n)$.

Beweis durch vollständige Induktion (80). Denn

$\varrho$. der Satz ist wahr für $n = 1$, weil (nach 135. II, III, II) $(l + m) + 1 = (l + m)' = l + m' = l + (m + 1)$ ist.

$\sigma$. Gilt der Satz für eine Zahl $n$, so folgt daraus auch $((l + m) + n)' = (l + (m + n))'$, d. h. (nach 135. III)

$$(l + m) + n' = l + (m + n)' = l + (m + n'),$$

also gilt der Satz auch für die folgende Zahl $n'$, w. z. b. w.

142. Satz. Es ist $m + n > m$.

Beweis durch vollständige Induktion (80). Denn

$\varrho$. der Satz ist nach 135. II und 91 wahr für $n = 1$.

$\sigma$. Gilt der Satz für eine Zahl $n$, so gilt er nach 95 auch für die folgende Zahl $n'$, weil (nach 135. III und 91)

$$m + n' = (m + n)' > m + n$$

ist, w. z. b. w.

143. Satz. Die Bedingungen $m > a$ und $m + n > a + n$ sind gleichwertig.

Beweis durch vollständige Induktion (80). Denn

$\varrho$. der Satz gilt zufolge 135. II und 94 für $n = 1$.

$\sigma$. Gilt der Satz für eine Zahl $n$, so gilt er auch für die folgende Zahl $n'$, weil die Bedingung $m + n > a + n$ nach 94 mit $(m + n)' > (a + n)'$, also nach 135. III auch mit

$$m + n' > a + n'$$

gleichwertig ist, w. z. b. w.

144. Satz. Ist $m > a$ und $n > b$, so ist auch

$$m + n > a + b.$$

Beweis. Denn aus unseren Voraussetzungen folgt (nach 143) $m + n > a + n$ und $n + a > b + a$ oder, was nach 140 dasselbe ist, $a + n > a + b$, woraus sich der Satz nach 95 ergibt.

145. Satz. Ist $m + n = a + n$, so ist $m = a$.

Beweis. Denn wenn $m$ nicht $= a$, also nach 90 entweder $m > a$ oder $m < a$ ist, so ist nach 143 entsprechend $m + n > a + n$ oder $m + n < a + n$, also kann (nach 90) $m + n$ gewiß nicht $= a + n$ sein, w. z. b. w.

146. Satz. Ist $l > n$, so gibt es eine und (nach 145) nur eine Zahl $m$, welche der Bedingung $m + n = l$ genügt.

Beweis durch vollständige Induktion (80). Denn

$\varrho$. der Satz ist wahr für $n = 1$. In der Tat, wenn $l > 1$, d. h. (89) wenn $l$ in $N'$ enthalten, also das Bild $m'$ einer Zahl $m$ ist, so folgt aus 135. II, daß $l = m + 1$ ist, w. z. b. w.

$\sigma$. Gilt der Satz für eine Zahl $n$, so zeigen wir, daß er auch für die folgende Zahl $n'$ gilt. In der Tat, wenn $l > n'$ ist, so ist nach 91, 95 auch $l > n$, und folglich gibt es eine Zahl $k$, welche der Bedingung $l = k + n$ genügt; da dieselbe nach 138 verschieden von 1 ist (weil sonst $l = n'$ wäre), so ist sie nach 78 das Bild $m'$ einer Zahl $m$, und folglich ist $l = m' + n$, also nach 136 auch $l = m + n'$, w. z. b. w.

## § 12

### Multiplikation der Zahlen

147. Erklärung. Nachdem im vorhergehenden § 11 ein unendliches System neuer Abbildungen der Zahlenreihe $N$ in sich selbst gefunden ist, kann man jede derselben nach 126 wieder benutzen, um abermals neue Abbildungen $\psi$ von $N$ zu erzeugen. Indem man daselbst $\Omega = N$ und $\theta(n) = m + n = n + m$ setzt, wo $m$ eine bestimmte Zahl, wird jedenfalls wieder

$$\text{I.} \quad \psi(N) \, \Im \, N,$$

und es bleibt, um $\psi$ vollständig zu bestimmen, nur noch übrig, das Element $\omega$ aus $N$ nach Belieben zu wählen. Der einfachste Fall tritt dann ein, wenn man diese Wahl in eine gewisse Übereinstimmung mit der Wahl von $\theta$ bringt, indem man $\omega = m$ setzt. Da die hierdurch vollständig bestimmte Abbildung $\psi$ von dieser Zahl $m$ abhängt, so bezeichnen wir das entsprechende Bild $\psi(n)$ einer beliebigen Zahl $n$ durch das Symbol $m \times n$ oder $m \,.\, n$ oder $m\,n$, und nennen diese Zahl das Produkt, welches aus der Zahl $m$ durch Multiplikation mit der Zahl $n$ entsteht, oder kurz das Produkt der

Zahlen $m$, $n$. Dasselbe ist daher nach 126 vollständig bestimmt durch die Bedingungen

$$\text{II.} \quad m\,n' = m\,n + m,$$
$$\text{III.} \quad m.1 = m.$$

148. Satz. Es ist $m'n = m\,n + n$.

Beweis durch vollständige Induktion (80). Denn

$\varrho$. der Satz ist nach 147. II und 135. II wahr für $n = 1$.

$\sigma$. Gilt der Satz für eine Zahl $n$, so folgt

$$m'n + m' = (m\,n + n) + m'$$

und hieraus (nach 147. III, 141, 140, 136, 141, 147. III)

$$m'n' = m\,n + (n + m') = m\,n + (m' + n)$$
$$= m\,n + (m + n') = (m\,n + m) + n' = m\,n' + n';$$

also gilt der Satz auch für die folgende Zahl $n'$, w. z. b. w.

149. Satz. Es ist $1.n = n$.

Beweis durch vollständige Induktion (80). Denn

$\varrho$. der Satz ist nach 147. II wahr für $n = 1$.

$\sigma$. Gilt der Satz für eine Zahl $n$, so folgt $1.n + 1 = n + 1$, d. h. (nach 147. III, 135. II) $1.n' = n'$, also gilt der Satz auch für die folgende Zahl $n'$, w. z. b. w.

150. Satz. Es ist $m\,n = n\,m$.

Beweis durch vollständige Induktion (80). Denn

$\varrho$. der Satz gilt nach 147. II, 149 für $n = 1$.

$\sigma$. Gilt der Satz für eine Zahl $n$, so folgt

$$m\,n + m = n\,m + m,$$

d. h. (nach 147. III, 148) $m\,n' = n'm$, also gilt der Satz auch für die folgende Zahl $n'$, w. z. b. w.

151. Satz. Es ist $l\,(m + n) = l\,m + l\,n$.

Beweis durch vollständige Induktion (80). Denn

$\varrho$. der Satz ist nach 135. II, 147. III, 147. II wahr für $n = 1$.

$\sigma$. Gilt der Satz für eine Zahl $n$, so folgt

$$l\,(m + n) + l = (l\,m + l\,n) + l;$$

nach 147. III, 135. III ist aber

$$l\,(m + n) + l = l\,(m + n)' = l\,(m + n')$$

und nach 141, 147. III ist

$$(l\,m + l\,n) + l = l\,m + (l\,n + l) = l\,m + l\,n',$$

mithin ist $l\,(m + n') = l\,m + l\,n'$, d. h. der Satz gilt auch für die folgende Zahl $n'$, w. z. b. w.

152. Satz. Es ist $(m + n)\, l = ml + nl$.

Der Beweis folgt aus 151, 150.

153. Satz. Es ist $(lm)n = l(mn)$.

Beweis durch vollständige Induktion (80). Denn

$\varrho$. der Satz gilt nach 147. II für $n = 1$.

$\sigma$. Gilt der Satz für eine Zahl $n$, so folgt

$$(lm)n + lm = l(mn) + lm,$$

d. h. (nach 147. III, 151, 147. III)

$$(lm)n' = l(mn + m) = l(mn'),$$

also gilt der Satz auch für die folgende Zahl $n'$, w. z. b. w.

154. Bemerkung. Hätte man in 147 keine Beziehung zwischen $\omega$ und $\theta$ angenommen, sondern $\omega = k$, $\theta(n) = m + n$ gesetzt, so würde hieraus nach 126 eine weniger einfache Abbildung $\psi$ der Zahlenreihe $N$ entstanden sein; für die Zahl 1 würde $\psi(1) = k$, und für jede andere, also in der Form $n'$ enthaltene Zahl würde $\psi(n') = mn + k$; denn hierdurch wird, wovon man sich mit Zuziehung der vorhergehenden Sätze leicht überzeugt, die Bedingung $\psi(n') = \theta\psi(n)$, d. h. $\psi(n') = m + \psi(n)$ für alle Zahlen $n$ erfüllt.

## § 13
### Potenzierung der Zahlen

155. Erklärung. Wenn man in dem Satze 126 wieder $\Omega = N$, ferner $\omega = a$, $\theta(n) = an = na$ setzt, so entsteht eine Abbildung $\psi$ von $N$, welche abermals der Bedingung

$$\text{I.} \quad \psi(N)\, \mathbf{3}\, N$$

genügt; das entsprechende Bild $\psi(n)$ einer beliebigen Zahl $n$ bezeichnen wir mit dem Symbol $a^n$ und nennen diese Zahl eine Potenz der Basis $a$, während $n$ der Exponent dieser Potenz von $a$ heißt. Dieser Begriff ist daher vollständig bestimmt durch die Bedingungen

$$\text{II.} \quad a^1 = a,$$

$$\text{III.} \quad a^{n'} = a\,.\,a^n = a^n\,.\,a.$$

156. Satz. Es ist $a^{m+n} = a^m\,.\,a^n$.

Beweis durch vollständige Induktion (80). Denn

$\varrho$. der Satz gilt nach 135. II, 155. III, 155. II für $n = 1$.

$\sigma$. Gilt der Satz für eine Zahl $n$, so folgt

$$a^{m+n}\,.\,a = (a^m\,.\,a^n)\,a;$$

nach 155. III, 135. III ist aber $a^{m+n}.a = a^{(m+n)'} = a^{m+n'}$, und nach 153, 155. III ist $(a^m.a^n)\,a = a^m(a^n.a) = a^m.a^{n'}$; mithin ist $a^{m+n'} = a^m.a^{n'}$, d. h. der Satz gilt auch für die folgende Zahl $n'$, w. z. b. w.

157. Satz. Es ist $(a^m)^n = a^{mn}$.

Beweis durch vollständige Induktion (80). Denn

$\varrho$. der Satz gilt nach 155. II, 147. II für $n = 1$.

$\sigma$. Gilt der Satz für eine Zahl $n$, so folgt

$$(a^m)^n.a^m = a^{mn}.a^m;$$

nach 155. III ist aber $(a^m)^n.a^m = (a^m)^{n'}$, und nach 156, 147. III ist $a^{mn}.a^m = a^{mn+m} = a^{mn'}$; mithin ist $(a^m)^{n'} = a^{mn'}$, d. h. der Satz gilt auch für folgende Zahl $n'$, w. z. b. w.

158. Satz. Es ist $(ab)^n = a^n.b^n$.

Beweis durch vollständige Induktion (80). Denn

$\varrho$. der Satz gilt nach 155. II für $n = 1$.

$\sigma$. Gilt der Satz für eine Zahl $n$, so folgt nach 150, 153, 155. III auch $(ab)^n.a = a(a^n.b^n) = (a.a^n)b^n = a^{n'}.b^n$, und hieraus $((ab)^n.a)b = (a^{n'}.b^n)b$; nach 153, 155. III ist aber $((ab)^n.a)b = (ab)^n.(ab) = (ab)^{n'}$, und ebenso

$$(a^{n'}.b^n)b = a^{n'}.(b^n.b) = a^{n'}.b^{n'};$$

mithin ist $(ab)^{n'} = a^{n'}.b^{n'}$, d. h. der Satz gilt auch für die folgende Zahl $n'$, w. z. b. w.

§ 14

**Anzahl der Elemente eines endlichen Systems**

159. Satz. Ist $\Sigma$ ein unendliches System, so ist jedes der in 98 erklärten Zahlensysteme $Z_n$ ähnlich abbildbar in $\Sigma$ (d. h. ähnlich einem Teile von $\Sigma$), und umgekehrt.

Beweis. Wenn $\Sigma$ unendlich ist, so gibt es nach 72 gewiß einen Teil $T$ von $\Sigma$, welcher einfach unendlich, also nach 132 der Zahlenreihe $N$ ähnlich ist, und folglich ist nach 35 jedes System $Z_n$ als Teil von $N$ auch einem Teile von $T$, also auch einem Teile von $\Sigma$ ähnlich, w. z. b. w.

Der Beweis der Umkehrung — so einleuchtend dieselbe erscheinen mag — ist umständlicher. Wenn jedes System $Z_n$ ähnlich abbildbar in $\Sigma$ ist, so entspricht jeder Zahl $n$ eine solche ähnliche Abbildung $\alpha_n$

von $Z_n$, daß $\alpha_n(Z_n) \, 3 \, \Sigma$ wird. Aus der Existenz einer solchen als gegeben anzusehenden Reihe von Abbildungen $\alpha_n$, über die aber weiter nichts vorausgesetzt wird, leiten wir zunächst mit Hilfe des Satzes 126 die Existenz einer neuen Reihe von ebensolchen Abbildungen $\psi_n$ ab, welche die besondere Eigenschaft besitzt, daß jedesmal, wenn $m \leqq n$, also (nach 100) $Z_m \, 3 \, Z_n$ ist, die Abbildung $\psi_m$ des Teiles $Z_m$ in der Abbildung $\psi_n$ von $Z_n$ enthalten ist (21), d. h. daß die Abbildungen $\psi_m$ und $\psi_n$ für alle in $Z_m$ enthaltenen Zahlen gänzlich miteinander übereinstimmen, also auch stets

$$\psi_m(m) = \psi_n(m)$$

wird. Um den genannten Satz diesem Ziele gemäß anzuwenden, verstehen wir unter $\Omega$ dasjenige System, dessen Elemente alle überhaupt möglichen ähnlichen Abbildungen aller Systeme $Z_n$ in $\Sigma$ sind, und definieren mit Hilfe der gegebenen, ebenfalls in $\Omega$ enthaltenen Elemente $\alpha_n$ auf folgende Weise eine Abbildung $\theta$ von $\Omega$ in sich selbst. Ist $\beta$ irgendein Element von $\Omega$, also z. B. eine ähnliche Abbildung des bestimmten Systems $Z_n$ in $\Sigma$, so kann das System $\alpha_{n'}(Z_{n'})$ nicht Teil von $\beta(Z_n)$ sein, weil sonst $Z_{n'}$ nach 35 einem Teile von $Z_n$, also nach 107 einem echten Teile seiner selbst ähnlich, mithin unendlich wäre, was dem Satze 119 widersprechen würde; es gibt daher in $Z_{n'}$ gewiß eine Zahl oder verschiedene Zahlen $p$ derart, daß $\alpha_{n'}(p)$ nicht in $\beta(Z_n)$ enthalten ist; von diesen Zahlen $p$ wählen wir — nur um etwas Bestimmtes festzusetzen — immer die kleinste $k$ (96) und definieren, da $Z_{n'}$ nach 108 aus $Z_n$ und $n'$ zusammengesetzt ist, eine Abbildung $\gamma$ von $Z_{n'}$ dadurch, daß für alle in $Z_n$ enthaltenen Zahlen $m$ das Bild $\gamma(m) = \beta(m)$, und außerdem $\gamma(n') = \alpha_{n'}(k)$ sein soll; diese, offenbar ähnliche, Abbildung $\gamma$ von $Z_{n'}$ in $\Sigma$ sehen wir nun als ein Bild $\theta(\beta)$ der Abbildung $\beta$ an, und hierdurch ist eine Abbildung $\theta$ des Systems $\Omega$ in sich selbst vollständig definiert. Nachdem die in 126 genannten Dinge $\Omega$ und $\theta$ bestimmt sind, wählen wir endlich für das mit $\omega$ bezeichnete Element von $\Omega$ die gegebene Abbildung $\alpha_1$; hierdurch ist nach 126 eine Abbildung $\psi$ der Zahlenreihe $N$ in $\Omega$ bestimmt, welche, wenn wir das zugehörige Bild einer beliebigen Zahl $n$ nicht mit $\psi(n)$, sondern mit $\psi_n$ bezeichnen, den Bedingungen

$$\text{II.} \quad \psi_1 = \alpha_1,$$
$$\text{III.} \quad \psi_{n'} = \theta(\psi_n)$$

genügt. Durch vollständige Induktion (80) ergibt sich zunächst, daß $\psi_n$ eine ähnliche Abbildung von $Z_n$ in $\Sigma$ ist; denn

$\varrho$. dies ist zufolge II wahr für $n = 1$, und

$\sigma$. wenn diese Behauptung für eine Zahl $n$ zutrifft, so folgt aus III und aus der Art des oben beschriebenen Überganges $\theta$ von $\beta$ zu $\gamma$, daß die Behauptung auch für die folgende Zahl $n'$ gilt, w. z. b. w. Hierauf beweisen wir ebenfalls durch vollständige Induktion (80), daß, wenn $m$ irgendeine Zahl ist, die oben angekündigte Eigenschaft

$$\psi_n(m) = \psi_m(m)$$

wirklich allen Zahlen $n$ zukommt, welche $\geqq m$ sind, also nach 93, 74 der Kette $m_0$ angehören; in der Tat,

$\varrho$. dies leuchtet unmittelbar ein für $n = m$, und

$\sigma$. wenn diese Eigenschaft einer Zahl $n$ zukommt, so folgt wieder aus III und der Beschaffenheit von $\theta$, daß sie auch der Zahl $n'$ zukommt, w. z. b. w. Nachdem auch diese besondere Eigenschaft unserer neuen Reihe von Abbildungen $\psi_n$ festgestellt ist, können wir unseren Satz leicht beweisen. Wir definieren eine Abbildung $\chi$ der Zahlenreihe $N$, indem wir jeder Zahl $n$ das Bild $\chi(n) = \psi_n(n)$ entsprechen lassen; offenbar sind (nach 21) alle Abbildungen $\psi_n$ in dieser einen Abbildung $\chi$ enthalten. Da $\psi_n$ eine Abbildung von $Z_n$ in $\Sigma$ war, so folgt zunächst, daß die Zahlenreihe $N$ durch $\chi$ ebenfalls in $\Sigma$ abgebildet wird, also $\chi(N) \mathbf{3} \Sigma$ ist. Sind ferner $m$, $n$ verschiedene Zahlen, so darf man der Symmetrie wegen nach 90 annehmen, es sei $m < n$; dann ist nach dem Obigen $\chi(m) = \psi_m(m) = \psi_n(m)$ und $\chi(n) = \psi_n(n)$; da aber $\psi_n$ eine ähnliche Abbildung von $Z_n$ in $\Sigma$ war, und $m$, $n$ verschiedene Elemente von $Z_n$ sind, so ist $\psi_n(m)$ verschieden von $\psi_n(n)$, also auch $\chi(m)$ verschieden von $\chi(n)$, d. h. $\chi$ ist eine ähnliche Abbildung von $N$. Da ferner $N$ ein unendliches System ist (71), so gilt nach 67 dasselbe von dem ihm ähnlichen System $\chi(N)$ und nach 68, weil $\chi(N)$ Teil von $\Sigma$ ist, auch von $\Sigma$, w. z. b. w.

**160. Satz.** Ein System $\Sigma$ ist endlich oder unendlich, je nachdem es ein ihm ähnliches System $Z_n$ gibt oder nicht gibt.

Beweis. Wenn $\Sigma$ endlich ist, so gibt es nach 159 Systeme $Z_n$, welche nicht ähnlich abbildbar in $\Sigma$ sind; da nach 102 das System $Z_1$ aus der einzigen Zahl 1 besteht und folglich in jedem System ähnlich abbildbar ist, so muß die kleinste Zahl $k$ (96), der ein in $\Sigma$ nicht ähnlich abbildbares System $Z_k$ entspricht, verschieden von 1, also (nach 78) $= n'$ sein, und da $n < n'$ ist (91), so gibt es eine ähnliche Abbildung $\psi$ von $Z_n$ in $\Sigma$; wäre nun $\psi(Z_n)$ nur ein echter Teil von $\Sigma$, gäbe es also ein Element $\alpha$ in $\Sigma$, welches nicht in $\psi(Z_n)$ enthalten ist, so könnte man, da $Z_{n'} = \mathfrak{M}(Z_n, n')$ ist (108), diese Abbildung $\psi$ zu einer ähnlichen Abbildung $\psi$ von $Z_{n'}$ in $\Sigma$ erweitern, indem man $\psi(n') = \alpha$ setzte, während doch nach unserer Annahme $Z_{n'}$ nicht ähnlich abbildbar in $\Sigma$ ist. Mithin ist $\psi(Z_n) = \Sigma$, d. h. $Z_n$ und $\Sigma$ sind ähnliche Systeme. Umgekehrt, wenn ein System $\Sigma$ einem System $Z_n$ ähnlich ist, so ist $\Sigma$ nach 119, 67 endlich, w. z. b. w·

161. **Erklärung.** Ist $\Sigma$ ein endliches System, so gibt es nach 160 eine, und nach 120, 33 auch nur eine einzige Zahl $n$, welcher ein dem System $\Sigma$ ähnliches System $Z_n$ entspricht; diese Zahl $n$ heißt die **Anzahl** der in $\Sigma$ enthaltenen Elemente (oder auch der **Grad** des Systems $\Sigma$), und man sagt, $\Sigma$ bestehe aus oder sei ein System von $n$ Elementen, oder die Zahl $n$ gebe an, wie viele Elemente in $\Sigma$ enthalten sind*). Wenn die Zahlen benutzt werden, um diese bestimmte Eigenschaft endlicher Systeme genau auszudrücken, so heißen sie **Kardinalzahlen**. Sobald eine bestimmte ähnliche Abbildung $\psi$ des Systems $Z_n$ gewählt ist, vermöge welcher $\psi(Z_n) = \Sigma$ wird, so entspricht jeder in $Z_n$ enthaltenen Zahl $m$ (d. h. jeder Zahl $m$, welche $\leqq n$ ist) ein bestimmtes Element $\psi(m)$ des Systems $\Sigma$, und rückwärts entspricht nach 26 jedem Elemente von $\Sigma$ durch die umgekehrte Abbildung $\overline{\psi}$ eine bestimmte Zahl $m$ in $Z_n$. Sehr oft bezeichnet man alle Elemente von $\Sigma$ mit einem einzigen Buchstaben, z. B. $\alpha$, dem man die unterscheidenden Zahlen $m$ als Zeiger anhängt, so daß $\psi(m)$ mit $\alpha_m$ bezeichnet wird. Man sagt auch, diese Elemente seien **gezählt** und durch $\psi$ in bestimmter Weise **geordnet**, und nennt $\alpha_m$ das $m$-te Element von $\Sigma$; ist $m < n$, so heißt $\alpha_{m'}$ das auf $\alpha_m$ **folgende** Element, und $\alpha_m$ heißt das **letzte** Element. Bei diesem Zählen der Elemente treten daher die Zahlen $m$ wieder als **Ordinalzahlen** auf (73).

162. **Satz.** *Alle einem endlichen System ähnlichen Systeme besitzen dieselbe Anzahl von Elementen.*

---

*) Der Deutlichkeit und Einfachheit wegen beschränken wir im folgenden den Begriff der Anzahl durchaus auf endliche Systeme; wenn wir daher von einer Anzahl gewisser Dinge sprechen, so soll damit immer schon ausgedrückt sein, daß das System, dessen Elemente diese Dinge sind, ein endliches ist.

Der Beweis folgt unmittelbar aus 33, 161.

163. Satz. Die Anzahl der in $Z_n$ enthaltenen, d. h. derjenigen Zahlen, welche $\leq n$ sind, ist $n$.

Beweis. Denn nach 32 ist $Z_n$ sich selbst ähnlich.

164. Satz. Besteht ein System aus einem einzigen Element, so ist die Anzahl seiner Elemente $= 1$, und umgekehrt.

Der Beweis folgt unmittelbar aus 2, 26, 32, 102, 161.

165. Satz. Ist $T$ echter Teil eines endlichen Systems $\Sigma$, so ist die Anzahl der Elemente von $T$ kleiner als diejenige der Elemente von $\Sigma$.

Beweis. Nach 68 ist $T$ ein endliches System, also ähnlich einem System $Z_m$, wo $m$ die Anzahl der Elemente von $T$ bedeutet; ist ferner $n$ die Anzahl der Elemente von $\Sigma$, also $\Sigma$ ähnlich $Z_n$, so ist $T$ nach 35 einem echten Teile $E$ von $Z_n$ ähnlich, und nach 33 sind auch $Z_m$ und $E$ einander ähnlich; wäre nun $n \leq m$, also $Z_n 3 Z_m$, so wäre $E$ nach 7 auch echter Teil von $Z_m$, und folglich $Z_m$ ein unendliches System, was dem Satze 119 widerspricht; mithin ist (nach 90) $m < n$, w. z. b. w.

166. Satz. Ist $\Gamma = \mathfrak{M}(B, \gamma)$, wo $B$ ein System von $n$ Elementen und $\gamma$ ein nicht in $B$ enthaltenes Element von $\Gamma$ bedeutet, so besteht $\Gamma$ aus $n'$ Elementen.

Beweis. Denn wenn $B = \psi(Z_n)$ ist, wo $\psi$ eine ähnliche Abbildung von $Z_n$ bedeutet, so läßt sich dieselbe nach 105, 108 zu einer ähnlichen Abbildung $\psi$ von $Z_{n'}$ erweitern, indem man $\psi(n') = \gamma$ setzt, und zwar wird $\psi(Z_{n'}) = \Gamma$, w. z. b. w.

167. Satz. Ist $\gamma$ ein Element eines aus $n'$ Elementen bestehenden Systems $\Gamma$, so ist $n$ die Anzahl aller anderen Elemente von $\Gamma$.

Beweis. Denn wenn $B$ der Inbegriff aller von $\gamma$ verschiedenen Elemente in $\Gamma$ bedeutet, so ist $\Gamma = \mathfrak{M}(B, \gamma)$; ist nun $b$ die Anzahl der Elemente des endlichen Systems $B$, so ist nach dem vorhergehenden Satze $b'$ die Anzahl der Elemente von $\Gamma$, also $= n'$, woraus nach 26 auch $b = n$ folgt, w. z. b. w.

168. Satz. Besteht $A$ aus $m$, und $B$ aus $n$ Elementen, und haben $A$ und $B$ kein gemeinsames Element, so besteht $\mathfrak{M}(A, B)$ aus $m + n$ Elementen.

Beweis durch vollständige Induktion (80). Denn

$\varrho$. der Satz ist wahr für $n = 1$ zufolge 166, 164, 135. II.

$\sigma$. Gilt der Satz für eine Zahl $n$, so gilt er auch für die folgende Zahl $n'$. In der Tat, wenn $\Gamma$ ein System von $n'$ Elementen ist, so kann man (nach 167) $\Gamma = \mathfrak{M}(B, \gamma)$ setzen, wo $\gamma$ ein Element und $B$ das System der $n$ anderen Elemente von $\Gamma$ bedeutet. Ist nun $A$ ein System von $m$ Elementen, deren jedes nicht in $\Gamma$, also auch nicht in $B$ enthalten ist, und setzt man $\mathfrak{M}(A, B) = \Sigma$, so ist nach unserer Annahme $m + n$ die Anzahl der Elemente von $\Sigma$, und da $\gamma$ nicht in $\Sigma$ enthalten ist, so ist nach 166 die Anzahl der in $\mathfrak{M}(\Sigma, \gamma)$ enthaltenen Elemente $= (m + n)'$, also (nach 135. III) $= m + n'$; da aber nach 15 offenbar $\mathfrak{M}(\Sigma, \gamma) = \mathfrak{M}(A, B, \gamma) = \mathfrak{M}(A, \Gamma)$ ist, so ist $m + n'$ die Anzahl der Elemente von $\mathfrak{M}(A, \Gamma)$, w. z. b. w.

**169. Satz.** Sind $A, B$ endliche Systeme von beziehungsweise $m, n$ Elementen, so ist $\mathfrak{M}(A, B)$ ein endliches System, und die Anzahl seiner Elemente ist $\leq m + n$.

**Beweis.** Ist $B \; 3 \; A$, so ist $\mathfrak{M}(A, B) = A$, und die Anzahl $m$ der Elemente dieses Systems ist (nach 142) $< m + n$, wie behauptet war. Ist aber $B$ kein Teil von $A$, und $T$ das System aller derjenigen Elemente von $B$, welche nicht in $A$ enthalten sind, so ist nach 165 deren Anzahl $p \leq n$, und da offenbar

$$\mathfrak{M}(A, B) = \mathfrak{M}(A, T)$$

ist, so ist nach 143 die Anzahl $m + p$ der Elemente dieses Systems $\leq m + n$, w. z. b. w.

**170. Satz.** Jedes aus einer Anzahl $n$ von endlichen Systemen zusammengesetzte System ist endlich.

Beweis durch vollständige Induktion (80). Denn

$\varrho$. der Satz ist nach 8 selbstverständlich für $n = 1$.

$\sigma$. Gilt der Satz für eine Zahl $n$, und ist $\Sigma$ zusammengesetzt aus $n'$ endlichen Systemen, so sei $A$ eines dieser Systeme und $B$ das aus allen übrigen zusammengesetzte System; da deren Anzahl (nach 167) $= n$ ist, so ist nach unserer Annahme $B$ ein endliches System. Da nun offenbar $\Sigma = \mathfrak{M}(A, B)$ ist, so folgt hieraus und aus 169, daß auch $\Sigma$ ein endliches System ist, w. z. b. w.

**171. Satz.** Ist $\psi$ eine unähnliche Abbildung eines endlichen Systems $\Sigma$ von $n$ Elementen, so ist die Anzahl der Elemente des Bildes $\psi(\Sigma)$ kleiner als $n$.

**Beweis.** Wählt man von allen denjenigen Elementen von $\Sigma$, welche ein und dasselbe Bild besitzen, immer nur ein einziges nach Belieben aus, so ist das System $T$ aller dieser ausgewählten Elemente offenbar ein echter Teil von $\Sigma$, weil $\psi$ eine unähnliche Abbildung von $\Sigma$ ist (26). Zugleich leuchtet aber ein, daß die (nach 21) in $\psi$ enthaltene Abbildung dieses Teils $T$ eine ähnliche, und daß $\psi(T) = \psi(\Sigma)$ ist; mithin ist das System $\psi(\Sigma)$ ähnlich dem echten Teil $T$ von $\Sigma$, und hieraus folgt unser Satz nach 162, 165.

172. **Schlußbemerkung.** Obgleich soeben bewiesen ist, daß die Anzahl $m$ der Elemente von $\psi(\Sigma)$ kleiner als die Anzahl $n$ der Elemente von $\Sigma$ ist, so sagt man in manchen Fällen doch gern, die Anzahl der Elemente von $\psi(\Sigma)$ sei $= n$. Natürlich wird dann das Wort Anzahl in einem anderen als dem bisherigen Sinne (161) gebraucht; ist nämlich $\alpha$ ein Element von $\Sigma$, und $a$ die Anzahl aller derjenigen Elemente von $\Sigma$, welche ein und dasselbe Bild $\psi(\alpha)$ besitzen, so wird letzteres als Element von $\psi(\Sigma)$ häufig doch noch als Vertreter von $a$ Elementen aufgefaßt, die wenigstens ihrer Abstammung nach als verschieden voneinander angesehen werden können, und wird demgemäß als $a$-faches Element von $\psi(\Sigma)$ gezählt. Man kommt auf diese Weise zu dem in vielen Fällen sehr nützlichen Begriffe von Systemen, in denen jedes Element mit einer gewissen Häufigkeitszahl ausgestattet ist, welche angibt, wie oft dasselbe als Element des Systems gerechnet werden soll. Im obigen Falle würde man z. B. sagen, daß $n$ die Anzahl der in diesem Sinne gezählten Elemente von $\psi(\Sigma)$ ist, während die Anzahl $m$ der wirklich verschiedenen Elemente dieses Systems mit der Anzahl der Elemente von $T$ übereinstimmt. Ähnliche Abweichungen von der ursprünglichen Bedeutung eines Kunstausdrucks, die nichts anderes sind als Erweiterungen der ursprünglichen Begriffe, treten sehr häufig in der Mathematik auf; doch liegt es nicht im Zweck dieser Schrift, näher hierauf einzugehen.

# Stetigkeit und Irrationale Zahlen

## Inhalt


Vorwort                                                                                                  3
§ 1. Eigenschaften der rationalen Zahlen                                                                 5
§ 2. Vergleichung der rationalen Zahlen mit den Punkten einer geraden Linie                              7
§ 3. Stetigkeit der geraden Linie                                                                        8
§ 4. Schöpfung der irrationalen Zahlen                                                                  11
§ 5. Stetigkeit des Gebietes der reellen Zahlen                                                         16
§ 6. Rechnungen mit reellen Zahlen                                                                      17
§ 7. Infinitesimal-Analysis                                                                            20

## Vorwort

Die Betrachtungen, welche den Gegenstand dieser kleinen Schrift bilden, stammen aus dem Herbst des Jahres 1858. Ich befand mich damals als Professor am eidgenössischen Polytechnikum zu Zürich zum ersten Male in der Lage, die Elemente der Differentialrechnung vortragen zu müssen, und fühlte dabei empfindlicher als jemals früher den Mangel einer wirklich wissenschaftlichen Begründung der Arithmetik. Bei dem Begriffe der Annäherung einer veränderlichen Größe an einen festen Grenzwert und namentlich bei dem Beweise des Satzes, daß jede Größe, welche beständig, aber nicht über alle Grenzen wächst, sich gewiß einem Grenzwert nähern muß, nahm ich meine Zuflucht zu geometrischen Evidenzen. Auch jetzt halte ich ein solches Heranziehen geometrischer Anschauung bei dem ersten Unterrichte in der Differentialrechnung vom didaktischen Standpunkte aus für außerordentlich nützlich, ja unentbehrlich, wenn man nicht gar zu viel Zeit verlieren will. Aber daß diese Art der Einführung in die Differentialrechnung keinen Anspruch auf Wissenschaftlichkeit machen kann, wird wohl niemand leugnen. Für mich war damals dies Gefühl der Unbefriedigung ein so überwältigendes, daß ich den festen Entschluß faßte, so lange nachzudenken, bis ich eine rein arithmetische und völlig strenge Begründung der Prinzipien der Infinitesimalanalysis gefunden haben würde. Man sagt so häufig, die Differentialrechnung beschäftige sich mit den stetigen Größen, und doch wird nirgends eine Erklärung von dieser Stetigkeit gegeben, und auch die strengsten Darstellungen der Differentialrechnung gründen ihre Beweise nicht auf die Stetigkeit, sondern sie appellieren entweder mit mehr oder weniger Bewußtsein an geometrische, oder durch die Geometrie veranlaßte Vorstellungen, oder aber sie stützen sich auf solche Sätze, welche selbst nie rein arithmetisch bewiesen sind. Zu diesen gehört z. B. der oben erwähnte Satz, und eine genauere Untersuchung überzeugte mich, daß dieser oder auch jeder mit ihm äquivalente Satz gewissermaßen als ein hinreichendes Fundament für die Infinitesimalanalysis angesehen werden kann. Es kam nur noch darauf an, seinen eigentlichen Ursprung in den Elementen der Arithmetik zu entdecken und hiermit zugleich eine wirkliche Definition von dem Wesen der Stetigkeit zu gewinnen. Dies gelang mir am 24. November 1858, und wenige Tage darauf teilte ich das Ergebnis meines Nachdenkens meinem teuren Freunde Durège mit, was zu einer langen und lebhaften Unterhaltung führte. Später habe ich wohl dem einen oder anderen meiner Schüler diese Gedanken über eine wissenschaftliche Begründung der Arithmetik auseinandergesetzt, auch hier in Braunschweig in dem wissenschaftlichen Verein der Professoren einen Vortrag über diesen Gegenstand gehalten, aber zu einer eigentlichen Publikation konnte ich mich nicht recht entschließen, weil erstens die Darstellung nicht ganz leicht, und weil außerdem die Sache so wenig fruchtbar ist. Indessen hatte ich doch schon halb und halb daran gedacht, dieses Thema zum Gegenstande dieser Gelegenheitsschrift zu wählen, als vor wenigen Tagen, am 14. März, die Abhandlung: „Die Elemente der Funktionenlehre", von E. Heine (Crelles Journal, Bd. 74) durch die Güte ihres hochverehrten Verfassers in meine Hände gelangte und mich in meinem Entschlusse bestärkte. Dem Wesen nach stimme ich zwar vollständig mit dem Inhalte dieser Schrift überein, wie es ja nicht anders sein kann, aber ich will freimütig gestehen, daß meine Darstellung mir der Form nach einfacher zu sein und den eigentlichen Kernpunkt präziser hervorzuheben scheint. Und während ich an diesem Vorwort schreibe (20. März 1872), erhalte ich die interessante Abhandlung: „Über die Ausdehnung eines Satzes aus der Theorie der trigonometrischen Reihen", von G. Cantor (Math. Annalen von Clebsch und Neumann, Bd. 5), für welche ich dem scharfsinnigen Verfasser meinen besten Dank sage. Wie ich bei raschem Durchlesen finde, so stimmt das Axiom in § 2 derselben, abgesehen von der äußeren Form der Einkleidung, vollständig mit dem überein, was ich unten in § 3 als das Wesen der Stetigkeit bezeichne. Welchen Nutzen aber die wenn auch nur begriffliche Unterscheidung von reellen Zahlgrößen noch höherer Art gewähren wird, vermag ich gerade nach meiner Auffassung des in sich vollkommenen reellen Zahlgebietes noch nicht zu erkennen.

§ 1

### Eigenschaften der rationalen Zahlen

Die Entwicklung der Arithmetik der rationalen Zahlen wird hier zwar vorausgesetzt, doch halte ich es für gut, einige Hauptmomente ohne Diskussion hervorzuheben, nur um den Standpunkt von vornherein zu bezeichnen, den ich im folgenden einnehme. Ich sehe die ganze Arithmetik als eine notwendige oder wenigstens natürliche Folge des einfachsten arithmetischen Aktes, des Zählens, an, und das Zählen selbst ist nichts anderes als die sukzessive Schöpfung der unendlichen Reihe der positiven ganzen Zahlen, in welcher jedes Individuum durch das unmittelbar vorhergehende definiert wird; der einfachste Akt ist der Übergang von einem schon erschaffenen Individuum zu dem darauffolgenden neu zu erschaffenden. Die Kette dieser Zahlen bildet an sich schon ein überaus nützliches Hilfsmittel für den menschlichen Geist, und sie bietet einen unerschöpflichen Reichtum an merkwürdigen

Gesetzen dar, zu welchen man durch die Einführung der vier arithmetischen Grundoperationen gelangt. Die Addition ist die Zusammenfassung einer beliebigen Wiederholung des obigen einfachsten Aktes zu einem einzigen Akte, und aus ihr entspringt auf dieselbe Weise die Multiplikation. Während diese beiden Operationen stets ausführbar sind, zeigen die umgekehrten Operationen, die Subtraktion und Division, nur eine beschränkte Zulässigkeit. Welches nun auch die nächste Veranlassung gewesen sein mag, welche Vergleichungen oder Analogieen mit Erfahrungen, Anschauungen dazu geführt haben mögen, bleibe dahingestellt; genug, gerade diese Beschränktheit in der Ausführbarkeit der indirekten Operationen ist jedesmal die eigentliche Ursache eines neuen Schöpfungsaktes geworden; so sind die negativen und gebrochenen Zahlen durch den menschlichen Geist erschaffen, und es ist in dem System aller rationalen Zahlen ein Instrument von unendlich viel größerer Vollkommenheit gewonnen. Dieses System, welches ich mit $R$ bezeichnen will, besitzt vor allen Dingen eine Vollständigkeit und Abgeschlossenheit, welche ich an einem anderen Orte*) als Merkmal eines Zahlkörpers bezeichnet habe, und welche darin besteht, daß die vier Grundoperationen mit je zwei Individuen in $R$ stets ausführbar sind, d. h. daß das Resultat derselben stets wieder ein bestimmtes Individuum in $R$ ist, wenn man den einzigen Fall der Division durch die Zahl Null ausnimmt.

Für unseren nächsten Zweck ist aber noch wichtiger eine andere Eigenschaft des Systems $R$, welche man dahin aussprechen kann, daß das System $R$ ein wohlgeordnetes, nach zwei entgegengesetzten Seiten hin unendliches Gebiet von einer Dimension bildet. Was damit gemeint sein soll, ist durch die Wahl der Ausdrücke, welche geometrischen Vorstellungen entlehnt sind, hinreichend angedeutet; um so notwendiger ist es, die entsprechenden rein arithmetischen Eigentümlichkeiten hervorzuheben, damit es auch nicht einmal den Anschein behält, als bedürfte die Arithmetik solcher ihr fremden Vorstellungen.

Soll ausgedrückt werden, daß die Zeichen $a$ und $b$ eine und dieselbe rationale Zahl bedeuten, so setzt man sowohl $a = b$ wie $b = a$. Die Verschiedenheit zweier rationaler Zahlen $a$, $b$ zeigt sich darin, daß die Differenz $a - b$ entweder einen positiven oder einen

---

*) Vorlesungen über Zahlentheorie von P. G. Lejeune Dirichlet. Zweite Auflage. § 159.

negativen Wert hat. Im ersten Falle heißt $a$ größer als $b$, $b$ kleiner als $a$, was auch durch die Zeichen $a > b$, $b < a$ angedeutet wird*). Da im zweiten Falle $b - a$ einen positiven Wert hat, so ist $b > a$, $a < b$. Hinsichtlich dieser doppelten Möglichkeit in der Art der Verschiedenheit gelten nun folgende Gesetze.

I. Ist $a > b$, und $b > c$, so ist $a > c$. Wir wollen jedesmal, wenn $a$, $c$ zwei verschiedene (oder ungleiche) Zahlen sind, und wenn $b$ größer als die eine, kleiner als die andere ist, ohne Scheu vor dem Anklang an geometrische Vorstellungen dies kurz so ausdrücken: $b$ liegt zwischen den beiden Zahlen $a$, $c$.

II. Sind $a$, $c$ zwei verschiedene Zahlen, so gibt es immer unendlich viele verschiedene Zahlen $b$, welche zwischen $a$, $c$ liegen.

III. Ist $a$ eine bestimmte Zahl, so zerfallen alle Zahlen des Systems $R$ in zwei Klassen, $A_1$ und $A_2$, deren jede unendlich viele Individuen enthält; die erste Klasse $A_1$ umfaßt alle Zahlen $a_1$, welche $< a$ sind, die zweite Klasse $A_2$ umfaßt alle Zahlen $a_2$, welche $> a$ sind; die Zahl $a$ selbst kann nach Belieben der ersten oder der zweiten Klasse zugeteilt werden, und sie ist dann entsprechend die größte Zahl der ersten oder die kleinste Zahl der zweiten Klasse. In jedem Falle ist die Zerlegung des Systems $R$ in die beiden Klassen $A_1$, $A_2$ von der Art, daß jede Zahl der ersten Klasse $A_1$ kleiner als jede Zahl der zweiten Klasse $A_2$ ist.

## § 2

### Vergleichung der rationalen Zahlen mit den Punkten einer geraden Linie

Die soeben hervorgehobenen Eigenschaften der rationalen Zahlen erinnern an die gegenseitigen Lagenbeziehungen zwischen den Punkten einer geraden Linie $L$. Werden die beiden in ihr existierenden entgegengesetzten Richtungen durch „rechts" und „links" unterschieden, und sind $p$, $q$ zwei verschiedene Punkte, so liegt entweder $p$ rechts von $q$, und gleichzeitig $q$ links von $p$, oder umgekehrt, es liegt $q$ rechts von $p$, und gleichzeitig $p$ links von $q$. Ein dritter Fall ist unmöglich, wenn $p$, $q$ wirklich verschiedene Punkte sind. Hinsichtlich dieser Lagenverschiedenheit bestehen folgende Gesetze.

---

*) Es ist also im folgenden immer das sogenannte „algebraische" größer und kleiner Sein gemeint, wenn nicht das Wort „absolut" hinzugefügt wird.

I. Liegt $p$ rechts von $q$, und $q$ wieder rechts von $r$, so liegt auch $p$ rechts von $r$; und man sagt, daß $q$ zwischen den Punkten $p$ und $r$ liegt.

II. Sind $p$, $r$ zwei verschiedene Punkte, so gibt es immer unendlich viele Punkte $q$, welche zwischen $p$ und $r$ liegen.

III. Ist $p$ ein bestimmter Punkt in $L$, so zerfallen alle Punkte in $L$ in zwei Klassen, $P_1$, $P_2$, deren jede unendlich viele Individuen enthält; die erste Klasse $P_1$ umfaßt alle die Punkte $p_1$, welche links von $p$ liegen, und die zweite Klasse $P_2$ umfaßt alle die Punkte $p_2$, welche rechts von $p$ liegen; der Punkt $p$ selbst kann nach Belieben der ersten oder der zweiten Klasse zugeteilt werden. In jedem Falle ist die Zerlegung der Geraden $L$ in die beiden Klassen oder Stücke $P_1$, $P_2$ von der Art, daß jeder Punkt der ersten Klasse $P_1$ links von jedem Punkte der zweiten Klasse $P_2$ liegt.

Diese Analogie zwischen den rationalen Zahlen und den Punkten einer Geraden wird bekanntlich zu einem wirklichen Zusammenhange, wenn in der Geraden ein bestimmter Anfangspunkt oder Nullpunkt $o$ und eine bestimmte Längeneinheit zur Ausmessung der Strecken gewählt wird. Mit Hilfe der letzteren kann für jede rationale Zahl $a$ eine entsprechende Länge konstruiert werden, und trägt man dieselbe von dem Punkte $o$ aus nach rechts oder links auf der Geraden ab, je nachdem $a$ positiv oder negativ ist, so gewinnt man einen bestimmten Endpunkt $p$, welcher als der der Zahl $a$ entsprechende Punkt bezeichnet werden kann; der rationalen Zahl Null entspricht der Punkt $o$. Auf diese Weise entspricht jeder rationalen Zahl $a$, d. h. jedem Individuum in $R$, ein und nur ein Punkt $p$, d. h. ein Individuum in $L$. Entsprechen den beiden Zahlen $a$, $b$ bzw. die beiden Punkte $p$, $q$, und ist $a > b$, so liegt $p$ rechts von $q$. Den Gesetzen I, II, III des vorigen Paragraphen entsprechen vollständig die Gesetze I, II, III des jetzigen.

## § 3

### Stetigkeit der geraden Linie

Von der größten Wichtigkeit ist nun aber die Tatsache, daß es in der Geraden $L$ unendlich viele Punkte gibt, welche keiner rationalen Zahl entsprechen. Entspricht nämlich der Punkt $p$ der rationalen Zahl $a$, so ist bekanntlich die Länge $op$ kommensurabel mit der bei der Konstruktion benutzten unabänderlichen Längeneinheit, d. h. es gibt eine dritte Länge, ein sogenanntes gemeinschaftliches Maß, von welcher diese beiden Längen ganze Vielfache sind. Aber schon die alten Griechen haben gewußt und bewiesen, daß es Längen gibt, welche mit einer gegebenen Längeneinheit inkommensurabel sind, z. B. die Diagonale des Quadrates, dessen Seite die Längeneinheit ist. Trägt man eine solche Länge von dem Punkt $o$ aus auf der Geraden ab, so erhält man einen Endpunkt, welcher keiner rationalen Zahl entspricht. Da sich ferner leicht beweisen läßt, daß es unendlich viele Längen gibt, welche mit der Längeneinheit inkommensurabel sind, so können wir behaupten: Die Gerade $L$ ist unendlich viel reicher an Punktindividuen, als das Gebiet $R$ der rationalen Zahlen an Zahlindividuen.

Will man nun, was doch der Wunsch ist, alle Erscheinungen in der Geraden auch arithmetisch verfolgen, so reichen dazu die rationalen Zahlen nicht aus, und es wird daher unumgänglich notwendig, das Instrument $R$, welches durch die Schöpfung der rationalen Zahlen konstruiert war, wesentlich zu verfeinern durch eine Schöpfung von neuen Zahlen der Art, daß das Gebiet der Zahlen dieselbe Vollständigkeit oder, wie wir gleich sagen wollen, dieselbe Stetigkeit gewinnt, wie die gerade Linie.

Die bisherigen Betrachtungen sind allen so bekannt und geläufig, daß viele ihre Wiederholung für sehr überflüssig erachten werden. Dennoch hielt ich diese Rekapitulation für notwendig, um die Hauptfrage gehörig vorzubereiten. Die bisher übliche Einführung der irrationalen Zahlen knüpft nämlich geradezu an den Begriff der extensiven Größen an — welcher aber selbst nirgends streng definiert wird — und erklärt die Zahl als das Resultat der Messung einer solchen Größe durch eine zweite gleichartige*). Statt dessen fordere ich, daß die Arithmetik sich aus sich selbst heraus entwickeln soll. Daß solche Anknüpfungen an nicht arithmetische Vorstellungen die nächste Veranlassung zur Erweiterung des Zahlbegriffes gegeben haben, mag im allgemeinen zugegeben werden (doch ist dies bei der Einführung der komplexen Zahlen entschieden nicht der Fall gewesen);

---

*) Der scheinbare Vorzug der Allgemeinheit dieser Definition der Zahl schwindet sofort dahin, wenn man an die komplexen Zahlen denkt. Nach meiner Auffassung kann umgekehrt der Begriff des Verhältnisses zwischen zwei gleichartigen Größen erst dann klar entwickelt werden, wenn die irrationalen Zahlen schon eingeführt sind.

aber hierin liegt ganz gewiß kein Grund, diese fremdartigen Betrachtungen selbst in die Arithmetik, in die Wissenschaft von den Zahlen aufzunehmen. So wie die negativen und gebrochenen rationalen Zahlen durch eine freie Schöpfung hergestellt, und wie die Gesetze der Rechnungen mit diesen Zahlen auf die Gesetze der Rechnungen mit ganzen positiven Zahlen zurückgeführt werden müssen und können, ebenso hat man dahin zu streben, daß auch die irrationalen Zahlen durch die rationalen Zahlen allein vollständig definiert werden. Nur das Wie? bleibt die Frage.

Die obige Vergleichung des Gebietes $R$ der rationalen Zahlen mit einer Geraden hat zu der Erkenntnis der Lückenhaftigkeit, Unvollständigkeit oder Unstetigkeit des ersteren geführt, während wir der Geraden Vollständigkeit, Lückenlosigkeit oder Stetigkeit zuschreiben. Worin besteht denn nun eigentlich diese Stetigkeit? In der Beantwortung dieser Frage muß alles enthalten sein, und nur durch sie wird man eine wissenschaftliche Grundlage für die Untersuchung aller stetigen Gebiete gewinnen. Mit vagen Reden über den ununterbrochenen Zusammenhang in den kleinsten Teilen ist natürlich nichts erreicht; es kommt darauf an, ein präzises Merkmal der Stetigkeit anzugeben, welches als Basis für wirkliche Deduktionen gebraucht werden kann. Lange Zeit habe ich vergeblich darüber nachgedacht, aber endlich fand ich, was ich suchte. Dieser Fund wird von verschiedenen Personen vielleicht verschieden beurteilt werden, doch glaube ich, daß die meisten seinen Inhalt sehr trivial finden werden. Er besteht im folgenden. Im vorigen Paragraphen ist darauf aufmerksam gemacht, daß jeder Punkt $p$ der Geraden eine Zerlegung derselben in zwei Stücke von der Art hervorbringt, daß jeder Punkt des einen Stückes links von jedem Punkte des anderen liegt. Ich finde nun das Wesen der Stetigkeit in der Umkehrung, also in dem folgenden Prinzip:

„Zerfallen alle Punkte der Geraden in zwei Klassen von der Art, daß jeder Punkt der ersten Klasse links von jedem Punkte der zweiten Klasse liegt, so existiert ein und nur ein Punkt, welcher diese Einteilung aller Punkte in zwei Klassen, diese Zerschneidung der Geraden in zwei Stücke hervorbringt."

Wie schon gesagt, glaube ich nicht zu irren, wenn ich annehme, daß jedermann die Wahrheit dieser Behauptung sofort zugeben wird; die meisten meiner Leser werden sehr enttäuscht sein, zu vernehmen, daß durch diese Trivialität das Geheimnis der Stetigkeit enthüllt sein soll. Dazu bemerke ich folgendes. Es ist mir sehr lieb, wenn jedermann das obige Prinzip so einleuchtend findet und so übereinstimmend mit seinen Vorstellungen von einer Linie; denn ich bin außerstande, irgendeinen Beweis für seine Richtigkeit beizubringen, und niemand ist dazu imstande. Die Annahme dieser Eigenschaft der Linie ist nichts als ein Axiom, durch welches wir erst der Linie ihre Stetigkeit zuerkennen, durch welches wir die Stetigkeit in die Linie hineindenken. Hat überhaupt der Raum eine reale Existenz, so braucht er doch nicht notwendig stetig zu sein; unzählige seiner Eigenschaften würden dieselben bleiben, wenn er auch unstetig wäre. Und wüßten wir gewiß, daß der Raum unstetig wäre, so könnte uns doch wieder nichts hindern, falls es uns beliebte, ihn durch Ausfüllung seiner Lücken in Gedanken zu einem stetigen zu machen; diese Ausfüllung würde aber in einer Schöpfung von neuen Punktindividuen bestehen und dem obigen Prinzip gemäß auszuführen sein.

## § 4

### Schöpfung der irrationalen Zahlen

Durch die letzten Worte ist schon hinreichend angedeutet, auf welche Art das unstetige Gebiet $R$ der rationalen Zahlen zu einem stetigen vervollständigt werden muß. In § 1 ist hervorgehoben (III), daß jede rationale Zahl $a$ eine Zerlegung des Systems $R$ in zwei Klassen $A_1$, $A_2$ von der Art hervorbringt, daß jede Zahl $a_1$ der ersten Klasse $A_1$ kleiner ist als jede Zahl $a_2$ der zweiten Klasse $A_2$; die Zahl $a$ ist entweder die größte Zahl der Klasse $A_1$, oder die kleinste Zahl der Klasse $A_2$. Ist nun irgendeine Einteilung des Systems $R$ in zwei Klassen $A_1$, $A_2$ gegeben, welche nur die charakteristische Eigenschaft besitzt, daß jede Zahl $a_1$ in $A_1$ kleiner ist als jede Zahl $a_2$ in $A_2$, so wollen wir der Kürze halber eine solche Einteilung einen Schnitt nennen und mit $(A_1, A_2)$ bezeichnen. Wir können dann sagen, daß jede rationale Zahl $a$ einen Schnitt oder eigentlich zwei Schnitte hervorbringt, welche wir aber nicht als wesentlich verschieden ansehen wollen; dieser Schnitt hat außerdem die Eigenschaft, daß entweder unter den Zahlen der ersten Klasse eine größte, oder unter den Zahlen der zweiten Klasse eine kleinste existiert. Und umgekehrt, besitzt ein Schnitt auch diese Eigenschaft, so wird er durch diese größte oder kleinste rationale Zahl hervorgebracht.

Aber man überzeugt sich leicht, daß auch unendlich viele Schnitte existieren, welche nicht durch rationale Zahlen hervorgebracht werden. Das nächstliegende Beispiel ist folgendes.

Es sei $D$ eine positive ganze Zahl, aber nicht das Quadrat einer ganzen Zahl, so gibt es eine positive ganze Zahl $\lambda$ von der Art, daß

$$\lambda^2 < D < (\lambda + 1)^2$$

wird.

Nimmt man in die zweite Klasse $A_2$ jede positive rationale Zahl $a_2$ auf, deren Quadrat $> D$ ist, in die erste Klasse $A_1$ aber alle anderen rationalen Zahlen $a_1$, so bildet diese Einteilung einen Schnitt $(A_1, A_2)$, d. h. jede Zahl $a_1$ ist kleiner als jede Zahl $a_2$. Ist nämlich $a_1 = 0$ oder negativ, so ist $a_1$ schon aus diesem Grunde kleiner als jede Zahl $a_2$, weil diese zufolge der Definition positiv ist; ist aber $a_1$ positiv, so ist ihr Quadrat $\leqq D$, und folglich ist $a_1$ kleiner als jede positive Zahl $a_2$, deren Quadrat $> D$ ist.

Dieser Schnitt wird aber durch keine rationale Zahl hervorgebracht. Um dies zu beweisen, muß vor allem gezeigt werden, daß es keine rationale Zahl gibt, deren Quadrat $= D$ ist. Obgleich dies aus den ersten Elementen der Zahlentheorie bekannt ist, so mag doch hier der folgende indirekte Beweis Platz finden. Gibt es eine rationale Zahl, deren Quadrat $= D$ ist, so gibt es auch zwei positive ganze Zahlen $t$, $u$, welche der Gleichung

$$t^2 - D u^2 = 0$$

genügen, und man darf annehmen, daß $u$ die kleinste positive ganze Zahl ist, welche die Eigenschaft besitzt, daß ihr Quadrat durch Multiplikation mit $D$ in das Quadrat einer ganzen Zahl $t$ verwandelt wird. Da nun offenbar

$$\lambda u < t < (\lambda + 1) u$$

ist, so wird die Zahl

$$u' = t - \lambda u$$

eine positive ganze Zahl, und zwar kleiner als $u$. Setzt man ferner

$$t' = D u - \lambda t,$$

so wird $t'$ ebenfalls eine positive ganze Zahl, und es ergibt sich

$$t'^2 - D u'^2 = (\lambda^2 - D)(t^2 - D u^2) = 0,$$

was mit der Annahme über $u$ im Widerspruch steht.

Mithin ist das Quadrat einer jeden rationalen Zahl $x$ entweder $< D$ oder $> D$. Hieraus folgt nun leicht, daß es weder in der Klasse $A_1$ eine größte, noch in der Klasse $A_2$ eine kleinste Zahl gibt. Setzt man nämlich

$$y = \frac{x(x^2 + 3D)}{3x^2 + D},$$

so ist

$$y - x = \frac{2x(D - x^2)}{3x^2 + D}$$

und

$$y^2 - D = \frac{(x^2 - D)^3}{(3x^2 + D)^2}.$$

Nimmt man hierin für $x$ eine positive Zahl aus der Klasse $A_1$, so ist $x^2 < D$, und folglich wird $y > x$, und $y^2 < D$, also gehört $y$ ebenfalls der Klasse $A_1$ an. Setzt man aber für $x$ eine Zahl aus der Klasse $A_2$, so ist $x^2 > D$, und folglich wird $y < x$, $y > 0$ und $y^2 > D$, also gehört $y$ ebenfalls der Klasse $A_2$ an. Dieser Schnitt wird daher durch keine rationale Zahl hervorgebracht.

In dieser Eigenschaft, daß nicht alle Schnitte durch rationale Zahlen hervorgebracht werden, besteht die Unvollständigkeit oder Unstetigkeit des Gebietes $R$ aller rationalen Zahlen.

Jedesmal nun, wenn ein Schnitt $(A_1, A_2)$ vorliegt, welcher durch keine rationale Zahl hervorgebracht wird, so erschaffen wir eine neue, eine irrationale Zahl $\alpha$, welche wir als durch diesen Schnitt $(A_1, A_2)$ vollständig definiert ansehen; wir werden sagen, daß die Zahl $\alpha$ diesem Schnitt entspricht, oder daß sie diesen Schnitt hervorbringt. Es entspricht also von jetzt ab jedem bestimmten Schnitt eine und nur eine bestimmte rationale oder irrationale Zahl und wir sehen zwei Zahlen stets und nur dann als verschieden oder ungleich an, wenn sie wesentlich verschiedenen Schnitten entsprechen.

Um nun eine Grundlage für die Anordnung aller reellen, d. h. aller rationalen und irrationalen Zahlen zu gewinnen, müssen wir zunächst die Beziehungen zwischen irgend zwei Schnitten $(A_1, A_2)$ und $(B_1, B_2)$ untersuchen, welche durch irgend zwei Zahlen $\alpha$ und $\beta$ hervorgebracht werden. Offenbar ist ein Schnitt $(A_1, A_2)$ schon vollständig gegeben, wenn eine der beiden Klassen, z. B. die erste $A_1$, bekannt ist, weil die zweite $A_2$ aus allen nicht in $A_1$ enthaltenen rationalen Zahlen besteht, und die charakteristische Eigenschaft einer solchen ersten Klasse $A_1$ liegt darin, daß sie, wenn die Zahl $a_1$ in ihr enthalten ist, auch alle kleineren Zahlen als $a_1$ enthält. Vergleicht man nun zwei solche erste Klassen $A_1$, $B_1$ miteinander, so kann es 1. sein, daß sie vollständig identisch sind, d. h. daß jede in $A_1$ enthaltene Zahl $a_1$ auch in $B_1$, und daß jede in $B_1$ enthaltene Zahl $b_1$ auch in $A_1$ enthalten ist. In diesem Falle ist dann notwendig auch $A_2$ identisch mit $B_2$, die beiden Schnitte sind vollständig identisch, was wir in Zeichen durch $\alpha = \beta$ oder $\beta = \alpha$ andeuten.

Sind aber die beiden Klassen $A_1$, $B_1$ nicht identisch, so gibt es in der einen, z. B. in $A_1$, eine Zahl $a_1' = b_2'$, welche nicht in der anderen $B_1$ enthalten ist, und welche sich folglich in $B_2$ vorfindet; mithin sind gewiß alle in $B_1$ enthaltenen Zahlen $b_1$ kleiner als diese Zahl $a_1' = b_2'$, und folglich sind alle Zahlen $b_1$ auch in $A_1$ enthalten.

Ist nun 2. diese Zahl $a_1'$ die einzige in $A_1$, welche nicht in $B_1$ enthalten ist, so ist jede andere in $A_1$ enthaltene Zahl $a_1$ in $B_1$ enthalten, und folglich kleiner als $a_1'$, d. h. $a_1'$ ist die größte unter allen Zahlen $a_1$, mithin wird der Schnitt $(A_1, A_2)$ durch die rationale Zahl $\alpha = a_1' = b_2'$ hervorgebracht. Von dem anderen Schnitte $(B_1, B_2)$ wissen wir schon, daß alle Zahlen $b_1$ in $B_1$ auch in $A_1$ enthalten und kleiner als die Zahl $a_1' = b_2'$ sind, welche in $B_2$ enthalten ist; jede andere in $B_2$ enthaltene Zahl $b_2$ muß aber größer als $b_2'$ sein, weil sie sonst auch kleiner als $a_1'$, also in $A_1$ und folglich auch in $B_1$ enthalten wäre; mithin ist $b_2'$ die kleinste unter allen in $B_2$ enthaltenen Zahlen, und folglich wird auch der Schnitt $(B_1, B_2)$ durch dieselbe rationale Zahl $\beta = b_2' = a_1' = \alpha$ hervorgebracht. Die beiden Schnitte sind daher nur unwesentlich verschieden.

Gibt es aber 3. in $A_1$ wenigstens zwei verschiedene Zahlen $a_1' = b_2'$ und $a_1'' = b_2''$, welche nicht in $B_1$ enthalten sind, so gibt es deren auch unendlich viele, weil alle die unendlich vielen zwischen

$a_1'$ und $a_1''$ liegenden Zahlen (§ 1. II) offenbar in $A_1$, aber nicht in $B_1$ enthalten sind. In diesem Falle nennen wir die diesen beiden wesentlich verschiedenen Schnitten $(A_1, A_2)$ und $(B_1, B_2)$ entsprechenden Zahlen $\alpha$ und $\beta$ ebenfalls verschieden voneinander, und zwar sagen wir, daß $\alpha$ größer als $\beta$, daß $\beta$ kleiner als $\alpha$ ist, was wir in Zeichen sowohl durch $\alpha > \beta$, als durch $\beta < \alpha$ ausdrücken. Hierbei ist hervorzuheben, daß diese Definition vollständig mit der früheren zusammenfällt, wenn beide Zahlen $\alpha$, $\beta$ rational sind.

Die nun noch übrigen möglichen Fälle sind diese. Gibt es 4. in $B_1$ eine und nur eine Zahl $b_1' = a_2'$, welche nicht in $A_1$ enthalten ist, so sind die beiden Schnitte $(A_1, A_2)$ und $(B_1, B_2)$ nur unwesentlich verschieden und sie werden durch eine und dieselbe rationale Zahl $\alpha = a_2' = b_1' = \beta$ hervorgebracht. Gibt es aber 5. in $B_1$ mindestens zwei verschiedene Zahlen, welche nicht in $A_1$ enthalten sind, so ist $\beta > \alpha$, $\alpha < \beta$.

Da hiermit alle Fälle erschöpft sind, so ergibt sich, daß von zwei verschiedenen Zahlen notwendig die eine die **größere**, die andere die **kleinere** sein muß, was zwei Möglichkeiten enthält. Ein dritter Fall ist unmöglich. Dies lag zwar schon in der Wahl des **Komparativs** (größer, kleiner) zur Bezeichnung der Beziehung zwischen $\alpha$, $\beta$; aber diese Wahl ist erst jetzt nachträglich gerechtfertigt. Gerade bei solchen Untersuchungen hat man sich auf das sorgfältigste zu hüten, daß man selbst bei dem besten Willen, ehrlich zu sein, durch eine voreilige Wahl von Ausdrücken, welche anderen schon entwickelten Vorstellungen entlehnt sind, sich nicht verleiten lasse, unerlaubte Übertragungen aus dem einen Gebiete in das andere vorzunehmen.

Betrachtet man nun noch einmal genau den Fall $\alpha > \beta$, so ergibt sich, daß die kleinere Zahl $\beta$, wenn sie rational ist, gewiß der Klasse $A_1$ angehört; da es nämlich in $A_1$ eine Zahl $a_1' = b_2'$ gibt, welche der Klasse $B_2$ angehört, so ist die Zahl $\beta$, mag sie die größte Zahl in $B_1$ oder die kleinste Zahl in $B_2$ sein, gewiß $\leq a_1$ und folglich in $A_1$ enthalten. Ebenso ergibt sich aus $\alpha > \beta$, daß die größere Zahl $\alpha$, wenn sie rational ist, gewiß der Klasse $B_2$ angehört, weil $\alpha \geqq a_1'$ ist. Vereinigt man beide Betrachtungen, so erhält man folgendes Resultat: Wird ein Schnitt $(A_1, A_2)$ durch die Zahl $\alpha$ hervorgebracht, so gehört irgendeine rationale Zahl zu der

Klasse $A_1$ oder zu der Klasse $A_2$, je nachdem sie kleiner oder größer ist als $\alpha$; ist die Zahl $\alpha$ selbst rational, so kann sie der einen oder der anderen Klasse angehören.

Hieraus ergibt sich endlich noch folgendes. Ist $\alpha > \beta$, gibt es also unendlich viele Zahlen in $A_1$, welche nicht in $B_1$ enthalten sind, so gibt es auch unendlich viele solche Zahlen, welche zugleich von $\alpha$ und von $\beta$ verschieden sind; jede solche rationale Zahl $c$ ist $< \alpha$, weil sie in $A_1$ enthalten ist, und sie ist zugleich $> \beta$, weil sie in $B_2$ enthalten ist.

## § 5

### Stetigkeit des Gebietes der reellen Zahlen

Zufolge der eben festgesetzten Unterscheidungen bildet nun das System $\Re$ aller reellen Zahlen ein wohlgeordnetes Gebiet von einer Dimension; hiermit soll weiter nichts gesagt sein, als daß folgende Gesetze herrschen.

I. Ist $\alpha > \beta$, und $\beta > \gamma$, so ist auch $\alpha > \gamma$. Wir wollen sagen, daß die Zahl $\beta$ zwischen den Zahlen $\alpha$, $\gamma$ liegt.

II. Sind $\alpha$, $\gamma$ zwei verschiedene Zahlen, so gibt es immer unendlich viele verschiedene Zahlen $\beta$, welche zwischen $\alpha$, $\gamma$ liegen.

III. Ist $\alpha$ eine bestimmte Zahl, so zerfallen alle Zahlen des Systems $\Re$ in zwei Klassen $\mathfrak{A}_1$ und $\mathfrak{A}_2$, deren jede unendlich viele Individuen enthält; die erste Klasse $\mathfrak{A}_1$ umfaßt alle die Zahlen $\alpha_1$, welche $< \alpha$ sind, die zweite Klasse $\mathfrak{A}_2$ umfaßt alle die Zahlen $\alpha_2$, welche $> \alpha$ sind; die Zahl $\alpha$ selbst kann nach Belieben der ersten oder der zweiten Klasse zugeteilt werden, und sie ist dann entsprechend die größte Zahl der ersten oder die kleinste Zahl der zweiten Klasse. In jedem Falle ist die Zerlegung des Systems $\Re$ in die beiden Klassen $\mathfrak{A}_1$, $\mathfrak{A}_2$ von der Art, daß jede Zahl der ersten Klasse $\mathfrak{A}_1$ kleiner als jede Zahl der zweiten Klasse $\mathfrak{A}_2$ ist, und wir sagen, daß diese Zerlegung durch die Zahl $\alpha$ hervorgebracht wird.

Der Kürze halber, und um den Leser nicht zu ermüden, unterdrücke ich die Beweise dieser Sätze, welche unmittelbar aus den Definitionen des vorhergehenden Paragraphen folgen.

Außer diesen Eigenschaften besitzt aber das Gebiet $\Re$ auch **Stetigkeit**, d. h. es gilt folgender Satz:

IV. Zerfällt das System $\Re$ aller reellen Zahlen in zwei Klassen $\mathfrak{A}_1$, $\mathfrak{A}_2$ von der Art, daß jede Zahl $\alpha_1$ der Klasse $\mathfrak{A}_1$ kleiner ist als jede Zahl $\alpha_2$ der Klasse $\mathfrak{A}_2$, so existiert eine und nur eine Zahl $\alpha$, durch welche diese Zerlegung hervorgebracht wird.

Beweis. Durch die Zerlegung oder den Schnitt von $\Re$ in $\mathfrak{A}_1$ und $\mathfrak{A}_2$ ist zugleich ein Schnitt $(A_1, A_2)$ des Systems $R$ aller rationalen Zahlen gegeben, welcher dadurch definiert wird, daß $A_1$ alle rationalen Zahlen der Klasse $\mathfrak{A}_1$ und $A_2$ alle übrigen rationalen Zahlen, d. h. alle rationalen Zahlen der Klasse $\mathfrak{A}_2$ enthält. Es sei $\alpha$ die völlig bestimmte Zahl, welche diesen Schnitt $(A_1, A_2)$ hervorbringt. Ist nun $\beta$ irgendeine von $\alpha$ verschiedene Zahl, so gibt es immer unendlich viele rationale Zahlen $c$, welche zwischen $\alpha$ und $\beta$ liegen. Ist $\beta < \alpha$, so ist $c < \alpha$; mithin gehört $c$ der Klasse $A_1$ und folglich auch der Klasse $\mathfrak{A}_1$ an, und da zugleich $\beta < c$ ist, so gehört auch $\beta$ derselben Klasse $\mathfrak{A}_1$ an, weil jede Zahl in $\mathfrak{A}_2$ größer ist als jede Zahl $c$ in $\mathfrak{A}_1$. Ist aber $\beta > \alpha$, so ist $c > \alpha$; mithin gehört $c$ der Klasse $A_2$ und folglich auch der Klasse $\mathfrak{A}_2$ an, und da zugleich $\beta > c$ ist, so gehört auch $\beta$ derselben Klasse $\mathfrak{A}_2$ an, weil jede Zahl in $\mathfrak{A}_1$ kleiner ist als jede Zahl $c$ in $\mathfrak{A}_2$. Mithin gehört jede von $\alpha$ verschiedene Zahl $\beta$ der Klasse $\mathfrak{A}_1$ oder der Klasse $\mathfrak{A}_2$ an, je nachdem $\beta < \alpha$ oder $\beta > \alpha$ ist; folglich ist $\alpha$ selbst entweder die größte Zahl in $\mathfrak{A}_1$ oder die kleinste Zahl in $\mathfrak{A}_2$, d. h. $\alpha$ ist eine und offenbar die einzige Zahl, durch welche die Zerlegung von $\Re$ in die Klassen $\mathfrak{A}_1$, $\mathfrak{A}_2$ hervorgebracht wird, was zu beweisen war.

## § 6

### Rechnungen mit reellen Zahlen

Um irgendeine Rechnung mit zwei reellen Zahlen $\alpha$, $\beta$ auf die Rechnungen mit rationalen Zahlen zurückzuführen, kommt es nur darauf an, aus den Schnitten $(A_1, A_2)$ und $(B_1, B_2)$, welche durch die Zahlen $\alpha$ und $\beta$ im Systeme $R$ hervorgebracht werden, den Schnitt $(C_1, C_2)$ zu definieren, welcher dem Rechnungsresultate $\gamma$ entsprechen soll. Ich beschränke mich hier auf die Durchführung des einfachsten Beispieles, der Addition.

Ist $c$ irgendeine rationale Zahl, so nehme man sie in die Klasse $C_1$ auf, wenn es eine Zahl $a_1$ in $A_1$ und eine Zahl $b_1$ in $B_1$ von der Art gibt, daß ihre Summe $a_1 + b_1 \geqq c$ wird; alle anderen rationalen Zahlen $c$ nehme man in die Klasse $C_2$ auf. Diese Einteilung aller rationalen Zahlen in die beiden Klassen $C_1$, $C_2$ bildet offenbar einen Schnitt, weil jede Zahl $c_1$ in $C_1$ kleiner ist als jede Zahl $c_2$ in $C_2$. Sind nun beide Zahlen $\alpha$, $\beta$ rational, so ist jede in $C_1$ enthaltene Zahl $c_1 \leq \alpha + \beta$, weil $a_1 \leq \alpha$, $b_1 \leq \beta$, also auch $a_1 + b_1 \leq \alpha + \beta$ ist; wäre ferner eine in $C_2$ enthaltene Zahl $c_2 < \alpha + \beta$, also $\alpha + \beta = c_2 + p$, wo $p$ eine positive rationale Zahl bedeutet, so wäre

$$c_2 = (\alpha - {}^1\!/_2\, p) + (\beta - {}^1\!/_2\, p),$$

was im Widerspruch mit der Definition der Zahl $c_2$ steht, weil $\alpha - {}^1\!/_2\, p$ eine Zahl in $A_1$, und $\beta - {}^1\!/_2\, p$ eine Zahl in $B_1$ ist; folglich ist jede in $C_2$ enthaltene Zahl $c_2 \geq \alpha + \beta$. Mithin wird in diesem Falle der Schnitt $(C_1, C_2)$ durch die Summe $\alpha + \beta$ hervorgebracht. Man verstößt daher nicht gegen die in der Arithmetik der rationalen Zahlen geltende Definition, wenn man in allen Fällen unter der Summe $\alpha + \beta$ von zwei beliebigen reellen Zahlen $\alpha$, $\beta$ diejenige Zahl $\gamma$ versteht, durch welche der Schnitt $(C_1, C_2)$ hervorgebracht wird. Ist ferner nur eine der beiden Zahlen $\alpha$, $\beta$, z. B. $\alpha$, rational, so überzeugt man sich leicht, daß es keinen Einfluß auf die Summe $\gamma = \alpha + \beta$ hat, ob man die Zahl $\alpha$ in die Klasse $A_1$ oder in die Klasse $A_2$ aufnimmt.

Ebenso wie die Addition lassen sich auch die übrigen Operationen der sogenannten Elementar-Arithmetik definieren, nämlich die Bildung der Differenzen, Produkte, Quotienten, Potenzen, Wurzeln, Logarithmen, und man gelangt auf diese Weise zu wirklichen Beweisen von Sätzen (wie z. B. $\sqrt{2}\,.\,\sqrt{3} = \sqrt{6}$), welche meines Wissens bisher nie bewiesen sind. Die Weitläufigkeiten, welche bei den Definitionen der komplizierteren Operationen zu befürchten sind, liegen teils in der Natur der Sache, zum größten Teil aber lassen sie sich vermeiden. Sehr nützlich ist in dieser Beziehung der Begriff eines Intervalls, d. h. eines Systems $A$ von rationalen Zahlen, welches folgende charakteristische Eigenschaft besitzt: sind $a$ und $a'$ Zahlen des Systems $A$, so sind auch alle zwischen $a$ und $a'$ liegenden rationalen Zahlen in $A$ enthalten. Das System $R$ aller rationalen Zahlen, ebenso die beiden Klassen eines jeden Schnittes sind Intervalle. Gibt es aber eine rationale Zahl $a_1$, welche kleiner, und eine rationale Zahl $a_2$, welche größer ist, als jede Zahl des Intervalls $A$, so heiße $A$ ein endliches Intervall; es gibt dann offenbar unendlich viele Zahlen von derselben Beschaffenheit wie $a_1$, und unendlich viele Zahlen von derselben Beschaffenheit wie $a_2$; das ganze Gebiet $R$ zerfällt in drei Stücke, $A_1$, $A$, $A_2$, und es treten zwei vollständig bestimmte rationale oder irrationale Zahlen $\alpha_1$, $\alpha_2$ auf, welche bzw. die untere und obere (oder die kleinere und größere) Grenze des Intervalls $A$ genannt werden können; die untere Grenze $\alpha_1$ ist durch den Schnitt bestimmt, bei welchem die erste Klasse durch das System $A_1$ gebildet wird, und die obere Grenze $\alpha_2$ durch den Schnitt, bei welchem $A_2$ die zweite Klasse bildet. Von jeder rationalen oder irrationalen Zahl $\alpha$, welche zwischen $\alpha_1$ und $\alpha_2$ liegt, mag gesagt werden, sie liege **innerhalb** des Intervalls $A$. Sind alle Zahlen eines Intervalls $A$ auch Zahlen eines Intervalls $B$, so heiße $A$ ein Stück von $B$.

Noch viel größere Weitläufigkeiten scheinen in Aussicht zu stehen, wenn man dazu übergehen will, die unzähligen Sätze der Arithmetik der rationalen Zahlen (wie z. B. den Satz $(a + b)c = ac + bc$) auf beliebige reelle Zahlen zu übertragen. Dem ist jedoch nicht so; man überzeugt sich bald, daß hier alles darauf ankommt, nachzuweisen, daß die arithmetischen Operationen selbst eine gewisse Stetigkeit besitzen. Was ich hiermit meine, will ich in die Form eines allgemeinen Satzes einkleiden:

„Ist die Zahl $\lambda$ das Resultat einer mit den Zahlen $\alpha$, $\beta$, $\gamma$ ... angestellten Rechnung, und liegt $\lambda$ innerhalb des Intervalls $L$, so lassen sich Intervalle $A$, $B$, $C$ ... angeben, innerhalb deren die Zahlen $\alpha$, $\beta$, $\gamma$ ... liegen, und von der Art, daß das Resultat derselben Rechnung, in welcher die Zahlen $\alpha$, $\beta$, $\gamma$ ... durch beliebige Zahlen der Intervalle $A$, $B$, $C$ ... ersetzt werden, jedesmal eine innerhalb des Intervalls $L$ liegende Zahl wird." Die abschreckende Schwerfälligkeit aber, welche dem Ausspruche eines solchen Satzes anklebt, überzeugt uns, daß hier etwas geschehen muß, um der Sprache zu Hilfe zu kommen; dies wird in der Tat auf die vollkommenste Weise erreicht, wenn man die Begriffe der **veränderlichen Größen**, der **Funktionen**, der **Grenzwerte** einführt, und zwar wird es das Zweckmäßigste sein, schon die Definitionen der einfachsten arithmetischen Operationen auf diese Begriffe zu gründen, was hier jedoch nicht weiter ausgeführt werden kann.

## § 7
## Infinitesimal-Analysis

Es soll hier nur noch zum Schluß der Zusammenhang beleuchtet werden, welcher zwischen unseren bisherigen Betrachtungen und gewissen Hauptsätzen der Infinitesimalanalysis besteht.

Man sagt, daß eine veränderliche Größe $x$, welche sukzessive bestimmte Zahlwerte durchläuft, sich einem festen Grenzwert $\alpha$ nähert, wenn $x$ im Laufe des Prozesses definitiv zwischen je zwei Zahlen zu liegen kommt, zwischen denen $\alpha$ selbst liegt, oder was dasselbe ist, wenn die Differenz $x - \alpha$ absolut genommen unter jeden gegebenen, von Null verschiedenen Wert definitiv herabsinkt.

Einer der wichtigsten Sätze lautet folgendermaßen: „Wächst eine Größe $x$ beständig, aber nicht über alle Grenzen, so nähert sie sich einem Grenzwert."

Ich beweise ihn auf folgende Art. Der Voraussetzung nach gibt es eine und folglich auch unendlich viele Zahlen $\alpha_2$ von der Art, daß stets $x < \alpha_2$ bleibt; ich bezeichne mit $\mathfrak{A}_2$ das System aller dieser Zahlen $\alpha_2$, mit $\mathfrak{A}_1$ das System aller anderen Zahlen $\alpha_1$; jede der letzteren hat die Eigenschaft, daß im Laufe des Prozesses definitiv $x \geqq \alpha_1$ wird, mithin ist jede Zahl $\alpha_1$ kleiner als jede Zahl $\alpha_2$, und folglich existiert eine Zahl $\alpha$, welche entweder die größte in $\mathfrak{A}_1$ oder die kleinste in $\mathfrak{A}_2$ ist (§ 5, IV). Das erstere kann nicht der Fall sein, weil $x$ nie aufhört, zu wachsen, also ist $\alpha$ die kleinste Zahl in $\mathfrak{A}_2$. Welche Zahl $\alpha_1$ man nun auch nehmen mag, so wird schließlich definitiv $\alpha_1 < x < \alpha$ sein, d. h. $x$ nähert sich dem Grenzwerte $\alpha$.

Dieser Satz ist äquivalent mit dem Prinzip der Stetigkeit, d. h. er verliert seine Gültigkeit, sobald man auch nur eine reelle Zahl in dem Gebiete $\mathfrak{R}$ als nicht vorhanden ansieht; oder anders ausgedrückt: ist dieser Satz richtig, so ist auch der Satz IV in § 5 richtig.

Ein anderer, mit diesem ebenfalls äquivalenter Satz der Infinitesimalanalysis, welcher noch öfter zur Anwendung kommt, lautet folgendermaßen: „Läßt sich in dem Änderungsprozesse einer Größe $x$ für jede gegebene positive Größe $\delta$ auch eine entsprechende Stelle angeben, von welcher ab $x$ sich um weniger als $\delta$ ändert, so nähert sich $x$ einem Grenzwert."

Diese Umkehrung des leicht zu beweisenden Satzes, daß jede veränderliche Größe, welche sich einem Grenzwert nähert, sich zuletzt um weniger ändert, als irgendeine gegebene positive Größe, kann ebensowohl aus dem vorhergehenden Satze wie direkt aus dem Prinzip der Stetigkeit abgeleitet werden. Ich schlage den letzteren Weg ein. Es sei $\delta$ eine beliebige positive Größe (d. h. $\delta > 0$), so wird der Annahme zufolge ein Augenblick eintreten, von welchem ab $x$ sich um weniger als $\delta$ ändern wird, d. h. wenn $x$ in diesem Augenblick den Wert $a$ besitzt, so wird in der Folge stets $x > a - \delta$ und $x < a + \delta$ sein. Ich lasse nun einstweilen die ursprüngliche Annahme fallen, und halte nur die soeben bewiesene Tatsache fest, daß alle späteren Werte der Veränderlichen $x$ zwischen zwei angebbaren, endlichen Werten liegen. Hierauf gründe ich eine doppelte Einteilung aller reellen Zahlen. In das System $\mathfrak{A}_2$ nehme ich eine Zahl $\alpha_2$ (z. B. $a + \delta$) auf, wenn im Laufe des Prozesses definitiv $x \leqq \alpha_2$ wird; in das System $\mathfrak{A}_1$ nehme ich jede nicht in $\mathfrak{A}_2$ enthaltene Zahl auf; ist $\alpha_1$ eine solche Zahl, so wird, wie weit auch der Prozeß vorgeschritten sein mag, es noch unendlich oft eintreten, daß $x > \alpha_1$ ist. Da jede Zahl $\alpha_1$ kleiner ist als jede Zahl $\alpha_2$, so gibt es eine völlig bestimmte Zahl $\alpha$, welche diesen Schnitt $(\mathfrak{A}_1, \mathfrak{A}_2)$ des Systems $\mathfrak{R}$ hervorbringt, und welche ich den oberen Grenzwert der stets endlich bleibenden Veränderlichen $x$ nennen will. Ebenso wird durch das Verhalten der Veränderlichen $x$ ein zweiter Schnitt $(\mathfrak{B}_1, \mathfrak{B}_2)$ des Systems $\mathfrak{R}$ hervorgebracht: eine Zahl $\beta_1$ (z. B. $a - \delta$) wird in $\mathfrak{B}_1$ aufgenommen, wenn im Laufe des Prozesses definitiv $x \geqq \beta_1$ wird; jede andere, in $\mathfrak{B}_2$ aufzunehmende Zahl $\beta_2$ hat die Eigenschaft, daß niemals definitiv $x \geqq \beta_2$, also immer noch unendlich oft $x < \beta_2$ wird; die Zahl $\beta$, durch welche dieser Schnitt hervorgebracht wird, heiße der untere Grenzwert der Veränderlichen $x$. Die beiden Zahlen $\alpha$, $\beta$ sind offenbar auch durch die folgende Eigenschaft charakterisiert: ist $\varepsilon$ eine beliebig kleine positive Größe, so wird stets definitiv $x < \alpha + \varepsilon$ und $x > \beta - \varepsilon$, aber niemals wird definitiv $x < \alpha - \varepsilon$, und niemals definitiv $x > \beta + \varepsilon$. Nun sind zwei Fälle möglich. Sind $\alpha$ und $\beta$ verschieden voneinander, so ist notwendig $\alpha > \beta$, weil stets $\alpha_2 \geqq \beta_1$ ist; die Veränderliche $x$ oszilliert und erleidet, wie weit der Prozeß auch vorgeschritten sein mag, immer noch Änderungen, deren Betrag den Wert $(\alpha - \beta) - 2\varepsilon$ übertrifft, wo $\varepsilon$ eine beliebig kleine positive Größe bedeutet. Die ursprüngliche

Annahme, zu der ich erst jetzt zurückkehre, steht aber im Widerspruch mit dieser Konsequenz; es bleibt daher nur der zweite Fall $\alpha = \beta$ übrig, und da schon bewiesen ist, daß, wie klein auch die positive Größe $\varepsilon$ sein mag, immer definitiv $x < \alpha + \varepsilon$ und $x > \beta - \varepsilon$ wird, so nähert sich $x$ dem Grenzwert $\alpha$, was zu beweisen war.

Diese Beispiele mögen genügen, um den Zusammenhang zwischen dem Prinzip der Stetigkeit und der Infinitesimalanalysis darzulegen.

[Die an diese klassische Schrift anknüpfende Entwicklung ist so bekannt, daß wir glauben auf Erläuterungen verzichten zu dürfen. Im übrigen verweisen wir — als Dedekinds eigene Erläuterungen darstellend — auf die Briefe an Lipschitz vom 10. Juni und 27. Juli 1876 (LXV), insbesondere auf die darin enthaltene axiomatische Auffassung.]